机器人爱好者 第4辑

美国SERVO杂志 / 著　符鹏飞 荣耀 荣珅 雍琦 等 / 译

人民邮电出版社
北京

图书在版编目（CIP）数据

机器人爱好者. 第4辑 / 美国SERVO杂志著 ; 符鹏飞等译. -- 北京 : 人民邮电出版社, 2017.9
ISBN 978-7-115-46198-8

Ⅰ. ①机… Ⅱ. ①美… ②符… Ⅲ. ①机器人—基本知识 Ⅳ. ①TP242

中国版本图书馆CIP数据核字(2017)第184586号

版权声明

◆ 著　　美国 SERVO 杂志
译　　符鹏飞　荣　耀　荣　珅　雍　琦
责任编辑　陈冀康
执行编辑　武晓燕
责任印制　焦志炜
◆ 人民邮电出版社出版发行　　北京市丰台区成寿寺路 11 号
邮编　100164　　电子邮件　315@ptpress.com.cn
网址　http://www.ptpress.com.cn
北京捷迅佳彩印刷有限公司印刷
◆ 开本：787×1092　1/16
印张：10
字数：140 千字　　2017 年 9 月第 1 版
印数：1 – 2 500 册　　2017 年 9 月北京第 1 次印刷
著作权合同登记号　图字：01-2016-2255 号

定价：69.00 元

读者服务热线：(010)81055410　印装质量热线：(010)81055316
反盗版热线：(010)81055315
广告经营许可证：京东工商广登字 20170147 号

内容提要

本书是美国机器人杂志《Servo》精华内容的合集。

全书根据主题内容的相关性，进行了精选和重新组织，分为6部分。第1部分介绍了机器人的历史、发展状态以及前景，特别关注了医疗健康机器人、机器人的外貌、机器人的好处以及科技中的失败的案例分析。第2部分是介绍了国外的机器人大赛，尤其是RobeGames大赛和NASA举办的机器人竞赛。第3部分是跟Mr.Roboto动手做专栏。第4部分是机器人产品和DIY，介绍了乐高义肢和Meccanoids机器人，以及其他一些DIY部件的知识。第5部分是制作树莓派机器人的专题文章，本辑包含了该专题的第一篇（前4个部分）。第6部分是全球机器人领域最新的研究动态和资讯。

本书内容新颖，信息量大，对于从事机器人和相关领域的研究和研发的读者具有很好的实用价值和指导意义，也适合对机器人感兴趣的一般读者阅读参考。

目录

CONTENTS

01

机器人技术概述——现状与未来

02

机器人大赛

03

跟 Mr. Roboto 动手做

目录

CONTENTS

04

机器人产品和 DIY

05

制作树莓派机器人（第一篇）

06

机器人最新资讯

01

机器人技术概述
——现状与未来

医疗健康机器人

Tom Carroll 撰文　李军 译

医疗机器人近年来显著增长，如图 1 所示。康复性骨骼、家庭医护机器人和遥现机器人，外科手术机器人、智能假体等不断涌现，甚至能够走遍人体的血液循环系统的微小机器人也有了，这些都给全世界的患者带来了福音。当然，这些进步也导致了医疗健康的成本快速增加，但是，病人和医务人员表示，医疗机器人所带来的优点比高成本更加显著。

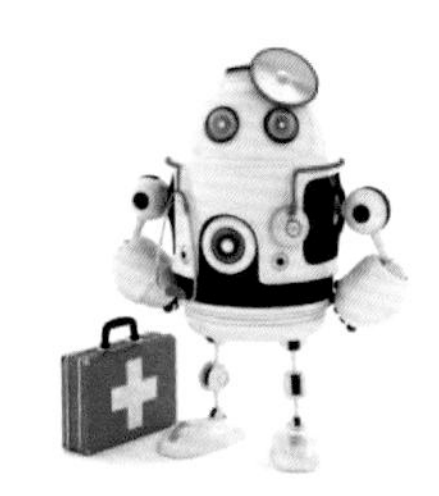

4 年前，我因为前列腺癌接受了达芬奇机器人做的手术，这使得我在手术之后的当天下午就能够下地走路了。

达芬奇机器人外科手术机器人由 Intuitive Surgical 公司开发，是目前为止销售额最大的医疗机器人，尽管有一些非常重要的竞争者也开发了很多独特的医疗机器人解决方案。Intuitive Surgical 公司最开始的和早期的资金，都来自于美国军队 20 世纪 80 年代在战争区域进行远程手术的需求，这种手术甚至需要医生在另一个遥远的大陆操作手术，但是，这一需求在商业医院的应用更加吸引人。达芬奇系列机器人的成功，使得该公司赢得盆满钵满。每一台机器人的售价高达 125 万美元到 200 万美元。最新版本的机器人如图 2 所示。目前，全世界的医院已经配备了超过 3000 台达芬奇机器人。

图 1　美国正在上升的医疗成本

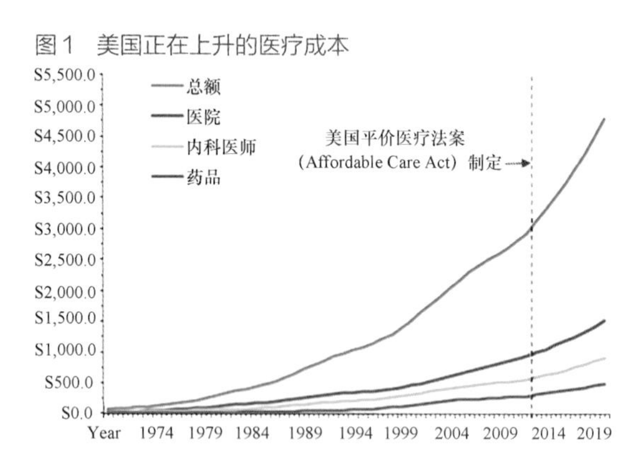

再回过头去看一下图 1，美国的医疗健康的成本有望超过每年 3.5 万亿美元。对于那些脑子里有着新的机器人设想的企业家来说，使用机器人作为医疗应用的解决方案是显而易见的事情。观察一下那些成功的公司，医疗机器人似乎是可以进入的一个领域。你一定会这样认为，直到你搞清楚了美国政府和 FDA“希望”一名设计师必须要满足的各种条件，才能认证一款医疗机器人。即便你的设计很稳定并且通过了认证，还有排成队的意外伤害赔偿诉讼律师，像一堆饿狼一样在你家门前的台阶上等候着。医疗机器人真的是很难进入的一个领域。

图 2　Intuitive Surgical 公司最新的达芬奇外科手术机器人

医疗机器人的起步

我想要回顾一下机器人的起步时期以及 Joe Engelberger 的第一个 Unimate 机器人。Joe 和他的合作伙伴 George Devol 奋斗打拼了很多年，才研制出这一款机器人。今天，Joe Engelberger 之所以以“机器人之父”而闻名，就是因为他在这一产业的发展中做出了非常多的贡献。在 1997 年《彭博商业周刊》对他的一次采访中，Joe Engelberger 说他更希望作为“家用机器人之父”而被人们记住。他说：“常识告诉我，家用机器人最终的市场将会比工业机器人更大”。

图 3　Joe Engelberger 和本文作者 1984 年在新墨西哥州 Albuquerque 的 IPRC 上

我曾经有机会和 Joe 一起吃午餐，并且在新墨西哥州的 Albuquerque 举办的国际个人机器人大会（International Personal Robotics Congress）上和他交谈（如图 3 所示）。他对于我在太空机器人领域的工作很感兴趣，但是，他的更多工作“落到了实地”，即开发一款切实可行的家用机器人以辅助老人，这些也更加令我感兴趣。这样的机器人（无论是太空机器人还是医疗机器人）的设计者正在崛起，并且在让一款真正具备功能的家用机器人成为现实方面，Joe 处于领先的地位（而我的设计则要晚十几年才出现）。

尽管 Joe Engelberger 现在已经 90 岁了，但早在 20 世纪 80 年代和 90 年代早期，他就观察了自己年迈的父母以及他们所需要得到的帮助。他意识到了机器人的一个全新的领域，尽管他的第 1 款产品是以医院为目标的向导机器人。

第 1 款医院向导机器人

在介绍 Joe Engelberger 的更多的个人类型机器人之前，我们先来介绍一下他的向导机器人，也就是如图 4 所示的 Helpmate 机器人。这款机器人设计为在医院中发放药物、食物和给人们指路。这款机器人在 1984 年早期开始由 Engelberger 所组建的 Transitions Research 公司开发。该公司最初是负责 NASA Small Business Innovation Research（SBIR）授权的一家智囊公司，其最初的概念性设计是针对轨道机器人的。

图 4　Pyxis 药品机器人（Helpmate）正在给护士站发放药品

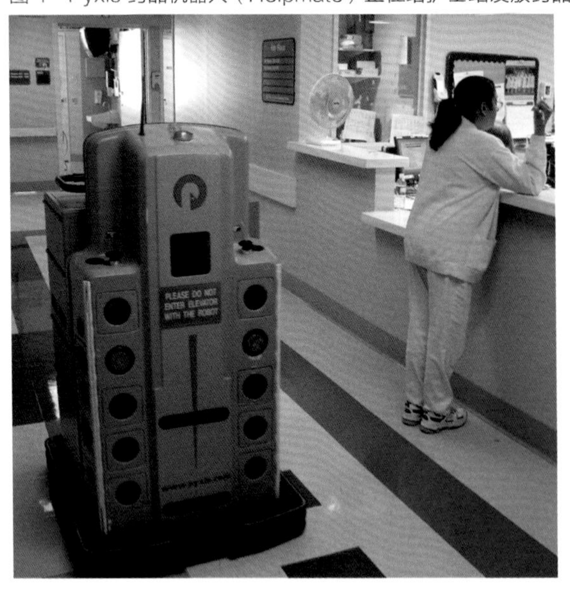

1997 年，Transitions Research 公司更名为 HelpMate Robotics 机器人，以强调其新产品专注于能够帮助人们的机器人系统。1999 年，位于加州 San Diego 的 Cardinal Health—Pyxis 公司收购了 HelpMate Robotics，并且他们还获得了 HelpMate 机器人的所有权利。15 年前的这一事件尤其引人注目，因为这是机器人产业之外的风投公司第一次进入该领域。

HelpMate 机器人设计为在整个医院和其他医疗机构中自主地导航，并携带食物托盘和医药供应设备。每一个机器人通过编程，可以从医院中的一个位置去往另一个位置，而独立于人类的控制，包括搭乘两层楼之间的电梯。

地板上并没有引导电线或轨迹，重达 272 千克的机器人能够承载 91 千克的物品。它使用超声波传感器和其他的传感器，以及内存中的一个地图，在医疗机构中查找行进路径。

一位医院人士在几年前曾告诉我，Helpmate 设计精良，易于编程和使用。机器人有转向信号灯、紧急碰撞缓冲装置，以及一个紧急制动按钮，当机器人似乎失去控制的时候，它身边的人可以按下该按钮来制动。最初的视觉系统是一个反射的结构性灯光装置，并且机器人上的相机能够检测到地板上的光线，从而当要碰到物体的时候决定如何改变路线并绕开它们。在距离地板 15cm 和 45cm 处，有两个红外线检测器，也可以检测到干扰的物体，但是，随后它们被激光扫描器检测物体的方法所取代。

据报道，曾经有 100 台以上的 Pyxis HelpMate 机器人在世界各地的医院里工作，为护士和医务人员提供帮助。

老年人护理机器人

没有销售出去的机器人在库房里呆了几年之后，有几个 HelpMate 机器人经过改造，作为大学试验室里的 LabMate 而卖掉了。甚至有些 HelpMate 机器人改造后用来在家庭环境中照顾老年人，例如，图 5 中左边所示的机器人，这是 Canadian 公司的 PALS 机器人的一个原型。注意，它的底座和 HelpMate 机器人是相同的。

Joe Engelberger 自己构想的一款照顾老年人的机器人如图 6 所示。你可能注意到了，该机器人有两个胳膊，这和 Engelberger 最初的公司 Unimation 所协助开发的、流行的 Puma 机器人的胳膊很相似。这些胳膊都有关节，和人类的胳膊相似。

图5 PALS机器人的原型和HelpMate机器人站在一起

图6 Joe Engelberger的双臂家庭服务机器人

老年人的家用个人助理机器人

当然，任何像达芬奇外科手术机器人这样的、需要进入人体并且切除一些身体组织的机器人，都需要经过美国食品药品监督管理局（Food and Drug Administration，FDA）和众多其他的政府部门的严格的审查和认证。使用这些类型的机器人的外科医生，还需要经过很长时间的培训。

然而，基于家庭的个人助理机器人是由一位需要得到协助的老年人来操作的，或者是由家中的一位未经训练的助手来操作的，这给潜在的公司所带来的责任是很可怕的。这意味着，特别是这些机器人可能需要在家中为人们提供身体上的协助。这一事实导致了很多潜在的企业家后退了一小步，等待并观望是否有其他人进入这个领域并生产出一款个人助理机器人，从而能够增强老年人生活的独立性。

我们来看看最新的调查数据，在2013年，在美国生活的65岁以上的人或者更大年龄的人有4470万（2013年收集这样的数据的最近的一个年份）。如果这个群体中有10%能够购买一款机器人来协助他们的日常生活的话，那么机器人的数量将会超过400万，这是一个巨大的市场。和设计来辅助残疾人的机器人相比，老年人通常有类似的体力上的需求。为这个群体设计的辅助机器人，只需要一个单一的设计，并且为购买者配备可能的附件和升级服务。

熟悉我的朋友都知道，我长期以来都对于开发一款个人助理机器人从而可以让老年人保持自己的独立性很感兴趣。在20世纪90年代，我还居住在加州的Long Beach的时候，我在一家养老院采访过很多老年人，采访的主题就是让一个机器人来帮助他们的可能性。正如你所想象到的，有些人实际上表达了这样的想法：“我不想让一些机器围着我转”，或者是“如果机器人发怒或发狂了怎么办”？

有些人一开始非常担心机器人助理在他们身边。另一些人则有一种相反的感觉，例如，“我每个月要给养老院支付一笔费用，花同样的钱，我可以有一屋子的机器人助理”（事实上，可真不是这样的）。在我采访的人当中，他们都有一种很强烈的感觉，即“我曾经能够待在家里自己做所有的事情并且保持独立性。而现在，我只是需要一小点儿帮助而已”。

在美国，住养老院的月均花费是 3600 美元，这远远高于大多数老年人的平均社会福利金收入。如果高端的个人助理机器人的花销只是养老院的年花销（43 200）美元的一半，那么，机器人只需要工作一年，人们为购买机器人所支付的费用也就值了。

机器人社交将会很快实现

最近的新闻报道中的一款独特的机器人是 Jibo，这是由 Cynthia Breazeal 设计的机器人（图 7 是 Breazeal 博士及其软件架构师 Jonathan Ross 的照片。Breazeal 在创业开公司之前，是麻省理工大学的媒体艺术和科学的助理教授，也是个人机器人组的主任。Breazeal 的“艺术与科学背景”曾经让少数人感到迷惑，直到他们意识到，她的学位是 UC Santa Barbara 分校的电子和计算机工程硕士以及 MIT 的电子工程和计算机科学硕士和博士。

图 7　Jibo 的创始人 Cynthia Breazeal 和软件架构师 Jonathan Ross，以及一个 Jibo 原型

Breazeal 最早因为 Kismet（如图 8 所示）而成名，并由此奠定了她在社交机器人设计方面的领导者地位。这款机器人是她的博士研究项目。

Jibo 以世界上第一款家用的社交机器人而知名。在图 7 中，Jibo 的照片并没有准确地展示出这款令人惊讶的机器人。你必须实际地看看这款机器人，才能够真正理解它看上去是什么样的，以及它如何移动和发声。是的，移动和说话。它可不是一个放在桌上的半圆体的镜子。它能够在几个方向上移动，貌似空白的脸上有一个视频屏幕，还有两个视频相机，在半圆体的较低的位置有一个放置扬声器的洞。说实话，Jibo 真的很具有人性。

图 8A　Cynthia Breazeal 和她的博士研究课题 Kismet

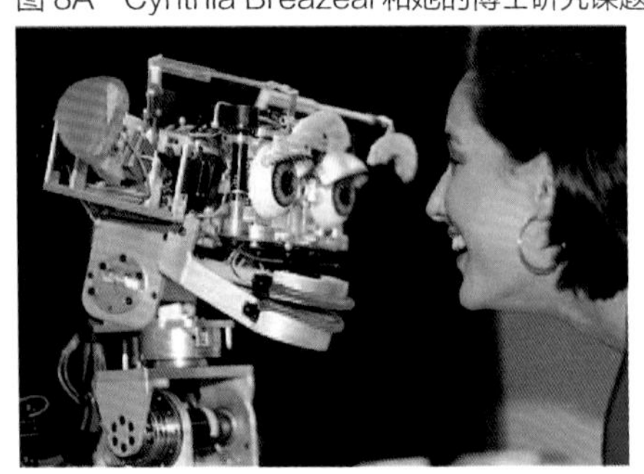

图 8B　社交性的 Kismet 机器人脑袋

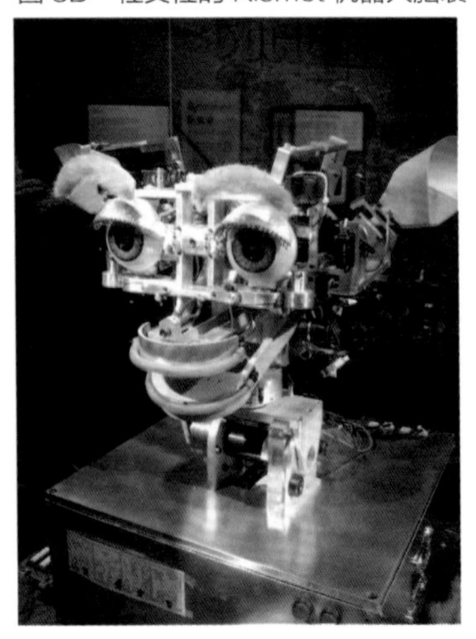

Cynthia 及其团队已经对 Jibo 进行了好几年的优化，依赖于她在大学的工作经验，以及她的团队所制造的“家庭的新成员”。她很快在众筹平台 Indiegogo 上将自己的目标从 10 万美元提升到数百万美元，这主要是因为她在机器人领域中有着令人惊讶的履历。一款基本的 Jibo 的价格为 499 美元起，针对开发者的版本价格为 599 美元，并且随着其所能说的单词量的扩展，其价格很快会超过 1000 美元。

需要花一整篇的文章才能够详细介绍这一款约 28cm 高的机器人，因此，如果你并不是在过去的一年里曾收到过第一款该机器人的幸运儿，那么，我建议你到互联网上查找其相关的众多视频和文章。

图 9 Amazon Echo

如果不介绍 Amazon 的 Echo 的话，这篇文章内容就不算完整了。Echo 是由 Amazon Lab126 部门开发的，这是公司的一个高级产品部门，曾经开发过 Kindle、Kindle Fire 和 Amazon Fire TV。Echo（如图 9 所示）肯定不是一款机器人，因为它不能移动、照相或者进行人脸识别，但它确实有一些居家的老年人所欣赏的功能。花了 180 美元之后，我对这一设备的功能叹为观止。

Echo 一直洗耳恭听，你可以通过读出单词“Alexa”来激活它（如果你愿意的话，也可以用“Amazon”这个词来激活它）。如图 10 所示的漫画，表示桌上的“阿拉丁神灯”似乎是能够进行神奇的操作的设备。你总是可以选择使用手持遥控器来调用该设备，或者只是从另一个房间里对着遥控器说话。它有一个很好的声音识别系统可供使用，该系统使用了 7 个麦克风组成的一个阵列。

尽管 Echo 内建的扬声器并没有达到高保真的质量，但对于一个 23.5 厘米高的设备来说，其声音已经很好了。它一点也不像 Jibo，而且它也并不想要成为 Jibo，但是，通过 Wi-Fi 连接到这台设备之后，我看到了很多的机器人的可能性。

图 10 Amazon Echo 的通常应用

和任何出现在市场上的新设备一样，可以确定有些人会将 Echo 完全拆开，并且对其进行逆向工程（尽管我可能不打算把我的 Echo 拆开，因为里面有很多的照片可供使用）。

我知道实验者将会找到一些非

常独特而有用的方式来使用Echo。在12V的直流电源供应下，Echo工作的很好。我打算先用它几个月，并且在将来的机器人专栏文章中对其做一些介绍。

提供老年人助理的更多可用机器人

我曾经展望过轮式机器人使用一个 SCARA 手臂，该手臂配置为能够提供较大的抬举功能，而不需要使用多个耗电量较大的电动机。除了图 6 所示的 Engelberger 的设计，还有很多富有天赋的工程师在努力地设计家庭助理机器人，例如 Hoaloha Robotics 的创始人 Tandy Trower。Tandy 在 Microsoft 公司工作多年，创建了 Microsoft 的机器人团队和机器人开发系统，这些工作奠定了他在助理式机器人开发前沿的专家地位。

我和 Tandy 就其助理机器人设计的进度进行过很多次的谈话，他在慎重地考虑给自己的机器人添加胳膊的高昂成本，以及机器人是否真的需要胳膊。

Tandy 将自己的研究集中于对这方面有急切需求的老人，这些老人在社会交往以及与家人和外部世界沟通方面，都部分地受到限制，并给渴望能够更多地参与其中。我所见到过的 Tandy 开发的原型能够很好地工作，并且能够提供比我所见过的机器人都要好的社会交互。你可以想象一下 Breazeal 的 Jibo 在一个可移动的底盘上工作，并且不要指望将来给它添加两个小胳膊。

图 11 所示的 Aldebaran 机器人已经吸引了很多的注意力，特别是图 11 中右边的 Pepper 机器人，这是联合日本的软银（SoftBank）公司一起设计的。这个 1.2m 高，重 54kg 的机器人，有 20 个电动机控制其多个关节，如图 12 所示。0.795 千瓦时的电池，可以保证机器人运行长达 12 个小时。它有 4 个麦克风、2 个摄像机、一个 3D 传感器，一个 3 轴陀螺仪，在其胳膊上还有多个声呐、激光和碰撞传感器。据宣传，这款社交机器人具备带感情地朗读的功能，并且它也面向老年人护理市场。

图 11　Aldebaran 的机器人家族：Nao、Romeo 和 Pepper

图 12　SoftBank 的多功能社交机器人 Pepper

另一家法国的服务性机器人公司 Robosoft 在 2010 年发布了一款叫做 Kompaï 的机器人，如图 13 所示。它设计来帮助老年人。这款小机器人能够说话，理解语音，并且能够自主地导航。它以很多的方式，做着和 Echo 相同的事情，包括记录购物清单和播放音乐。它曾经是在老年人护理研究中应

用机器人技术的一项关键产品。

结语

我专门关注能够在家中照顾老年人的机器人技术，因为我想要让读者构想一下，未来将会是什么样的技术来辅助我们独立地生活。你可能正在面临这样的场景，或者是有一个朋友、父母或亲戚需要照顾。养老院很昂贵，并且很少有人真的想要被送往养老院去生活，除非他们没有其他的选择。就像很少有老年人愿意承认他们不再能够安全地驾驶汽车一样，他们发现很难认同自己在家中需要接受照顾。

如果他们有一款个人助理机器人，并且比停着不开的私家车也多花不了多少钱（因为老年人可能无法再开车了），那么，你认为他们是会选择拥有这样的一台设备，还是放弃自己的独立性呢？这是我们每个人迟早都要面对的两难境地。

图 13　来自 Robosoft 的老年人护理机器人 Kompaï

机器人的外貌

Tom Carroll 撰文　李军 译

我们来讨论一个富有争议的话题。对于机器人看上去应该是什么样子的，或者认为怎么样才是好看的机器人，一些人的观点是很个性化的。我和任何人一样，也会有偏见。我个人多年来见到过很多的机器人，其中一些绝对是富有魅力的创造，而另一些则缺乏魅力。机器人的外貌很大程度上受到其设计目的的驱动。一些人可能会说，他们真的不在乎机器人的外貌是什么样的，只要机器人能做他们想要做的事情。就像海军的巡洋舰看上去和观光游船完全不同一样，为了战场而设计的机器人和为了在家中照顾老年人而设计的机器人看上去也大不相同。在很多机器人设计之中，外貌是和功能携手并进的。我想要忽略个人机器人的机械功能部分，仔细地看看什么样的机器人外貌能够吸引我们，甚至使其显得可爱。此外，机器人外貌也有一些方面是让我们人类感到不快的。

工业机器人不需要有明亮的颜色，而军用机器人则需要橄榄色或者披上迷彩的伪装，以便和战场的环境融为一体。典型的工厂机器人手臂，并不需要将其关节加以区分和保护以避免抓捏人类，因此，它们通常要安装在一个工作单元中。然而，对于可能经常要操作的个人家用助理机器人来说，它必须要小心地区分成人和孩子。对这种机器人来说，光滑的外表和圆角往往符合人类的审美眼光，而对于警用、军用和工业机器人来说，这不是必要的。

在某些设计中，脸部的外貌是很重要的，但是，很接近人类的外貌但又不是人类面庞的完美复制，就可能会落入到一个叫做“恐怖谷”的、令人遗憾的领域，如图 1 所示。这表示一个令人毛骨悚然的人类面孔，但是观察者又意识到了其并非是真人。遗憾的是，大多数机器人设计师试图避免描绘一个人类（或者动物，这是非常难的任务），并且有目的地转向足够产生一个非常不错的机器人设计的方向。

图 1　恐怖谷

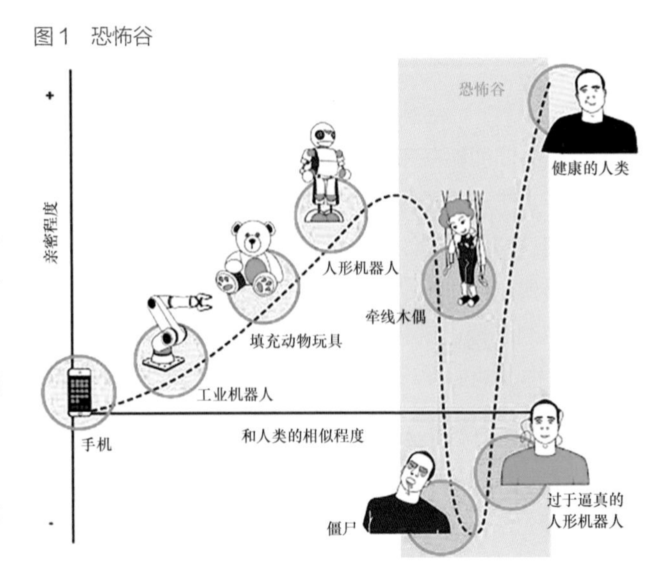

然而一些设计师在机器人上重新制造一张人脸方面，做了很不错的工作，这种机器人人脸是其发明者和设计师自身的一个复制品，例如，图 2 所示的石黑浩博士。其他的类人形机器人设计师，无论多么努力地尝试，也无法创造如图 3 所示的妇女的那样达到恐怖谷的深度的一张人脸。这个机器人似乎在人们第一眼看到她的时候就会令其受到惊吓。

图 2　石和浩博士和与他高度相似的机器人

图 3　恐怖谷的深度——这样的机器人一点也不酷

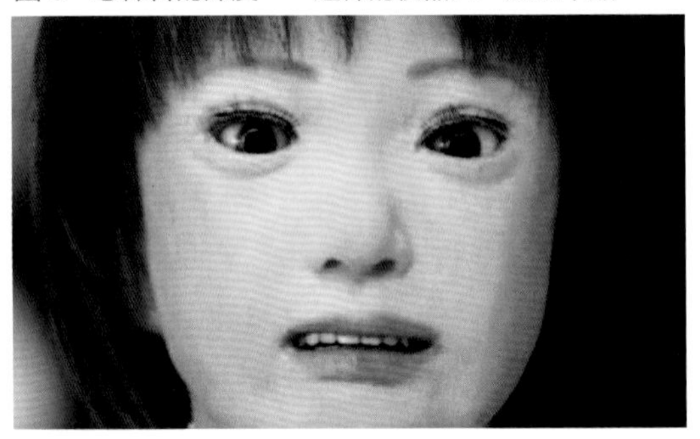

很酷的机器人

我曾经阅读过有关可爱的机器人的很多最新的文章。在某种程度上，我很少使用“可爱的”这个词，特别是当将其用于机器人的时候。然而，我可以想象到当某人遇到机器人带有一张笑脸的时候，他会感到多么的舒服。记住了这些事情，我先来看看“可爱的”这个词，并且将其用于描述机器人。我将假设“可爱的”意味着大都数人都会感到放心的毛绒小猫或小狗玩具，或者喜欢看到的诸如 Pixar 机器人、Wall-E 机器人（这是 Adrien Lambert 所制造的一个模型，如图 4 所示）这样的电影角色。

看看这双充满深情的眼睛……Wall-E 看上去就像是废弃的地球上孤独的垃圾收集和打包机器人。尽管很多电影从业者走进自己的工作室并且构建了诸如 Wall-E 这样的、真正可以工作的模型，但我们都知道 Wall-E 是通过计算机生成图像（Computer Generated Imagery，CGI）来创建的。

图 4　Adrien Lambert 的 Wall-E 模型

Number 5 就是 Johnny Five

早期的电影中的机器人，其眼睛会产生很大程度的亲近感，这源自于 1986 年的电影《Short Circuit》中的 Johnny Five。图 5 所示的 Number 5 的愤怒的表情，表明了其最初的用途是作为军事杀人机器人。其独特的“外表”是 Eric Allard 的发明，他是一家开发有用的动作道具的电影特效公司的老板，而这些道具演变成了 Johnny Five 及其 4 个兄弟战斗机器人。未来概念艺术家 Syd Mead 提出该机器人的一个基本的外观和设计，但是，是 Allard 和他的团队的 40 名机器人技术人员开发了实际的道具，其中的一些如图 6 所示。我曾经有机会在 1985 年访问了 Allard 和他的团队，给我留下印象最深的，是他们在技术上的专业性。

图 5　Number 5 是一个愤怒的机器人

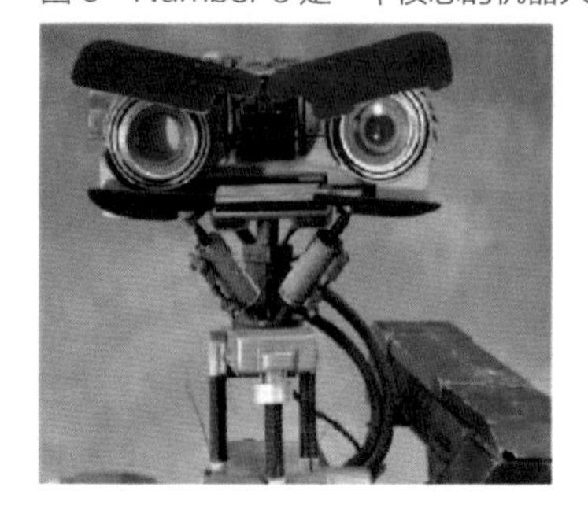

图 6　Eric Allard 和他的团队在为电影《Short Circuit》而工作

艺术家可能只是对机器人的外貌有一个想法，但是，需要真正了解机器人的机制的人，才能够真正地设计和构造一些东西。为 Pete Miles 和我所编写有关格斗机器人的图书（如图 7 所示）设计封面的艺术家，和驱动一个尖嘴锄或钢锯所必须的机械装置是没有关联的。封面只要看上去好看就行。《Short Circuit》剧组只不过是需要 5 个有时候能够一起拍摄的、活动的道具，但是 Allard 还为该电影开发了 7 种类型共计 27 个不同的机器人。

在图 6 中，Allard 单膝跪地，但是注意穿着黑色 T 恤的男人似乎拿着一个“反向”外骨骼。这是一个一种很不错的技术，通过在反向的外骨骼的各种关节上使用位置性接口，可以将类似人类的手臂运动转换为一个机器人的伺服。外骨骼的穿戴者可以移动自己的胳膊并让机器人通过遥控（RC）系统的连接来模仿动作，而不是使用两个操纵杆来实现 4 个轴上的移动。

图 7 《Build Your Own Combat Robot》一书的封面设计

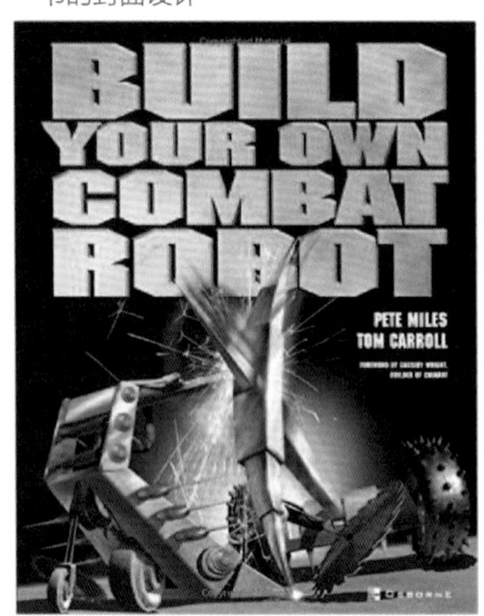

Allard 使用了如图 6 所示的眉毛以及如图 8 所示的邪恶的红色眼睛，开发出了该机器人的外貌。当 Number 5 在经过一次闪电式罢工之后（如图 9 所示，和演员 Ally Sheedy 在一起），它变为了很酷的 Johnny Five，其独特的双轴眉毛使得他具有了可爱的机器人个性。他的眼睛就像是人类的孩子一样张得很大，只是为了发现他周围的世界，通过这一点，你就可以形象地了解其新的个性（如图 5 所示）。

独特的眉毛和关节式的头部驱动器，是开发动作性道具的外貌的关键因素。当机器人 Johnny Five 的脑袋向一边倾斜，并且眉毛上扬的时候，电影观众很容易感受到他的无辜。Allard 掌握了专门用于电影行业的机器人的外貌特点。

图 8 Number Five 邪恶的眼睛表明他准备要发射激光了

图 9 Johnny Five 和 Ally Sheedy 准备开始拍摄

如今的电影动作机器人道具从严格意义上讲只是 CGI，而不再是像以前那样由真正的金属和电线制作而成，这有点令人失望。Johnny Five 可能是最后一个，也是最好的纯机械的机器人动作道具。是的，电影中还有很多令人喜爱的机器人。《Metropolis》中的机器人 Maria、《The Day the Earth Stood Still》中的 Gort、《Forbidden Planet》中的 Tobor the Great，到上面提到的《Star Wars》中的机器人 R2D2 和 C-3PO，在很多科幻电影中，机器人都扮演了主要的角色。

几乎所有早期的电影机器人都是由人类穿上了机器人的服装来扮演的，包括 R2-D2。从 Johnny Five 开始，对电影道具的机器人构建规范做出了一个很好的改变。它是真正的电子机械机器人，尽管有一个遥控器控制其机械手。

改进机器人的外貌

有的时候，机器人的外貌需要某种感情，但是，有限的预算导致在开发完整的机器人方面受到限制。当 Twentieth Century Fox 公司要求我为电影《Revenge of the Nerds》制作一款机器人的时候（实际上是 4 个机器人），他们要求有关节式的胳膊，并且胳膊可以随着肩膀和肘部而移动。

我当然没有 Allard 在为《Short Circuit》电影工作时那样的上百万美元的预算，因此，我必须提出一个能够在两个轴上移动的胳膊的设计方案，但是成本又要很低。为了接近人类胳膊向前移动并抓住某些物体的动作，我在两个滑轮上使用了 8 字形缆线布局，肩膀和肘部各有一个滑轮，从而使得胳膊的下半部分和上半部分能够同时移动。

图 10　机器人的胸部展示了一个 8 字形的线缆布局，以移动胳膊的下半部分

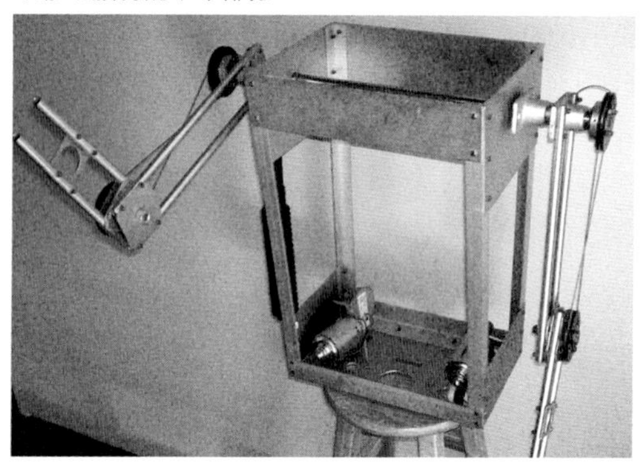

类似的布局如图 10 所示。当胳膊的上半部分向上 45° 的时候，缆线将会把胳膊的下半部分提升 45° ，一共达到 90° 。这使得我不必在肘关节上放置沉重的齿轮马达。我实际上为 3 部《Revenge of the Nerds》电影构建了小的蓝色机器人。电影工作室通过在其中间切了一个洞，并且插入了一个小啤酒桶，从而对其进行了改造（在我看来，这真是糟糕的改造啊）。

有时候，改进可能只是为了增加美感。大多数科幻电影似乎都没有使用正确的技术场景。化学实验室中，背景中总是有很多烧瓶，烧瓶中有多种颜色液体在沸腾冒泡。电子系统在失败的时候要么电火花四溅，要么冒出一股浓烟。在我的职业生涯中，我在 100 多个不同的实验室里待过，实际情况并不是这样的。铿亮的、崭新的电子控制台并没有成排的闪烁的灯，也不会总是那么干净而闪出耀眼的光。实验室和科技产品并不总是会清理的很干净，除非是准备好了要给重要人物参观。电影《Brainstorm》中的实验室的场景才是正确的。

比较逼真的例子是，众多的《星球大战》机器人身上的污点。可爱的、小的 R2-D2 也并不是一个干净的机器人，如图 11 所示，只不过在参加第 1 部电影完成拍摄的庆祝仪式的时候，它全身都擦亮打磨了一番而已。充满灰尘的、肮脏的星球上的生活，真的可能会把一个干净的机器人搞得灰头土脸，并且所有的 R2-D2 同类机器人，似乎身上都带有污点。电影制片人 George Lucas 很善于让他的机器人造型呈现出完美的外貌并且带上齐全的装饰，但是，星球大战可能会有点一团糟。

那时候，我并不确定为什么 Lucas 要在众多的场景中让演员 Kenny Baker（如图 12 所示）穿上狭窄的机器人造型服饰并扮演机器人。在 20 世纪 70 年代的时候，高级的无线电控制系统已经可以使用了，尽管还并不像今天的 2.4 GHz 数字系统那样高级，但是，Lucas 认为 Baker 给了 R2 一种特殊的“活着的”感觉。然而在很多的场景中，还是使用了无线电控制系统来让 R2-D2 快速地移动并跟着某人。Lucas 的世界级的特效工作室 ILM 仍然是让我们大吃一惊。

图 11　在一天辛苦的工作之后，小 R2-D2 浑身肮脏

图 12　矮小的 Kenny Baker 穿上 R2-D2 的造型服装

《星球大战》中的 BB8

我打算现在探出头来看看该选择哪一款机器人作为最可爱的机器人。我知道有成百万的人会认同我的选择。我的选择是最新的《星球大战》系列电影中的滚动的机器人 BB8。即便它比 R2-D2 小，2015 年 4 月在加州的 Anaheim 举办的 2015 Star Wars 庆典上，BB8（如图 13 所示，其中 BB8 和他的伙伴站在一起）也能在人群之中支撑着自己的身体去滚动。

我必须说 BB8 在机器人美学方面并不是很突出。只不过它的移动模式是最有魅力的，因此我更愿意使用“酷”来描述这款令人惊讶的机器人。我在之前的一些文章中也提到过它，以及 Sphero 如何使用它的一些技术来帮助开发机器人动作道具。Sphero 在市场上以 150 美元的价格销售 BB8，并且它使用一个智能手机作为控制器，该机器人制作精美而且功能完备。Hasbro 有一个价值 80 美元的 BB8 模型，它更大一些，并且也有自己的控制器，但是在我看来，其功能并没有打造的太好。

图 14 所描述的场景来自于《星球大战》系列电影的第 17 部《原力觉醒》，其中，BB8 在沙漠中滚动。尽管动作道具的机械性能令人惊讶，但是对于某些场景，例如让球体粘上沙子以及只让头部移动等，还是需要对沙子和其他困难的地形做一些特殊处理。

图 13　《星球大战》中的两个著名的机器人：R2-D2 和新的 BB8

图 14　《星球大战》预告片中的 Daisy 和 BB8

图 15 展示了 BB8 的一种可能的内部机械系统，它允许头部沿着一个内部的弧线轨迹移动；我假设是通过磁铁来实现这一旋转轨迹的。

BB8 的头部如图 16 所示，它是由一名英国机器人爱好者制作的，我们随后会介绍他。他的 YouTube 视频展示了自己非常好地掌握了在较矮的球体上平衡头部的能力。我可以大胆地说，BB8 将会取代 R2-D2 的地位，成为历史上最酷的电影机器人。当然《禁忌星球》中的 Robbie、《迷失太空》中的 B-9、Tobor the Great、Johnny Five 以及很多其他的机器人，仍然在我们的心目中占有一席之地，但是，BB8 将会成为它们之中的佼佼者。

图 15　howbb8works 站点上展示的 BB8 可能的内部机械结构

图 16　英国 YouTube 视频上展示的一个 BB8 实际的工作模型

一些令人惊讶的商业机器人

图 17 所示的 Baxter 机器人由 Rodney Brooks 开发，他是 iRobot 的创始人之一，也是前 MIT 的教授。Brook 的公司 Rethink Robotics，在 2012 年以能够完成简单的工业任务的入门级机器人的最低成本（2.5 万 ~ 3.5 万美元），将这一机器人作为最新样式开发出来。这一成本使得它对于那些小公司很有吸引力，这些公司需要在一条组装线上或者类似的应用中进行小规模的部件或产品操作。

图 17　Rodney Brooks 创建的 Rethink Robotics 公司生产的 Baxter 机器人

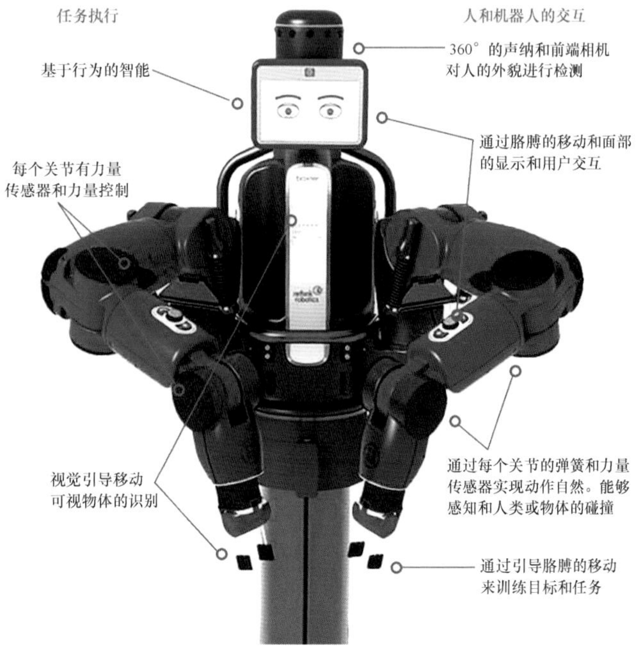

潜在购买者发现这款机器人相当具有吸引力的主要功能之一，就是该机器人的外表。它的双臂上不仅拥有彩色的工业塑料的外表，而且脑袋上有着动态的面容，可以告知程序员或用户其

当前的状态或者它在关注什么。

这款 0.91 米高的机器人可以放到一个移动的平台上，以使其达到 1.78 米到 1.9 米的工作高度。该机器人重达 149.6 千克到 277.5 千克（差别在于带基座和不带基座），也曾经在大学实验室里用做研究性的平台。通过嵌入到一台标准 PC 上的流行的开源 ROS 语言来操控，可以很容易地对机器人“编程”，从而让操作员在工作环境中物理地移动其胳膊，以便让 Baxter 执行一项任务。该机器人随后将会记住这些动作。

该机器人一般并不需要那种费力地输入到系统计算机中的很多行代码的编程。该机器人有一个视觉系统、力量传感器和真正能够检测附近的任何人的传感器。典型的富有力量且快速移动的工业机器人看上去对操作员来说很危险，而相比之下，这款机器人有着其独特的优点。

Cynthia Breazeal 的 Jibo

最近另一款冲击市场的机器人是 Cynthia Breazeal 的 Jibo，如图 18 所示。我在之前的《医疗健康机器人》一文中将 Jibo 作为健康护理机器人领域的新进入者而进行过介绍。Breazeal 和她的团队似乎很重视机器人的潜在外貌，因为这款机器人倾向于在个人家中工作。

图 18　Cynthia Breazeal 的社交机器人 Jibo

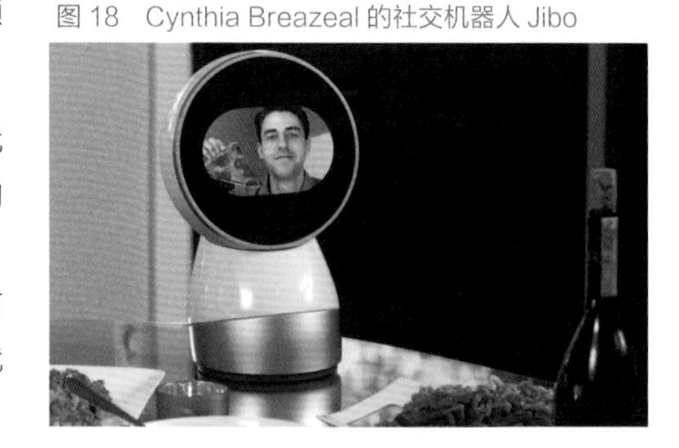

尽管很多有关该机器人的照片似乎展示 Jibo 就像是一个桌上台灯（因为很少有照片展示了其彩色的 LCD 显示屏），但实际上，这是一款复杂的机器人。尽管它不是一款移动的机器人，但它配备了一个带有引擎的基座，这使得机器人能够面朝着人而转动，就好像是人在和它交谈一样。

尽管人们将其描述为“社交机器人”，但是“家用机器人”似乎更适合说明 Jibo 实际上是如何通过与人沟通而成为家庭的一份子的。

Breazeal 在 MIT 工作多年，长期处于高级机器人研究的前沿，并且她的机器人颜值很高。她在 MIT 任教职期间，开发了几款机器人，其中最为知名的一款是 Kismet，是拥有大眼睛和长耳朵的、外表类似于外星人的机器人。这一独特的配置使得人们能够接近机器人并对其感到舒心。

Jibo 也是类似的，很容易接近，并且这使得它成为一个理想的家庭伴侣。正如 Jibo 的 CEO Steven Chambers 所说的“我们已经拿到了漂亮的消费者体验的船票”。我相信这个 50 人的小公司已经达到了这个目标，并且正在生产真正具备功能性的家用产品。读者可以从互联网上了解关于 Jibo 的更多信息。

机器人实验者制造的非常具有吸引力的机器人

Ken Maxon 不是那种典型的机器人实验者。我第一次见到 Maxon 是在 10 多年以前，是在西雅图机器人协会（Seattle Robotics Society）的周年 Robothon 展上。我曾经在过去的文章中介绍过 Maxon 的机器人，我必须说他的创造毫无疑问是我所见过的最美的机器人。我使用“美丽”这个词，是因为对我来说，其众多的部分很好地构造到一起。这些机器人在其各自机械化的铝合金部分中，展示出了一种美感，如图 19 所示。如果你在互联网上访问 Max’s Little Robot Shop，你将会花上很多个小时去查看他曾经参与的所有项目。你不仅会看到错综复杂的机械过程，而且会看到制作这些机器人所需的电子知识和设计。

图 20 所示的真空吸尘器机器人是 Frank Jenkins 大约在 25 年前家庭自制的机器人的一个示例，我觉得它是一款真正的艺术品。在制作它的时候，微控制器还不是很流行，它使用了一台 Ampro 386SX 主板的计算机和 4MB 的内存。对于清理大多数家具下面的位置来说，这款机器人有点太高了（和今天的家居清理机器人相比），但是它通过使用 80 个独立的传感器，在移动性方面表现的非常不错。

图 19　Ken Maxon 的机器人

图 20　25 年前，Frank Jenkins 的 HomeR 吸尘器机器人

Jenkin 是加利福尼亚机器人协会（Robotics Society of California）的一名成员，并且他向协会组织展示了他的家庭吸尘器机器人 HomeR。HomeR 高 58 厘米，重 20 千克，使用了一个 Black and Decker 牌的手持吸尘器系统来实现打扫卫生的功能，并且它能够自行找到充电插槽。这款美丽的机器可能无法钻到一个较低的咖啡桌的下面，但是它是我所见到过的构造最令人惊奇的机器人之一。

结语

正如老话所说的，“美丽在善于观察的人的眼中”。这肯定也适用于机器人领域，或者任何其他的爱好者的领域，只要在该领域中有人制造出一些能够让其他人可视化地看到或欣赏的东西。

不管你构建一款机器人的理由是什么，它必须首先让你享受作为构建者的乐趣。如果你试图开发一款执行特殊目标或任务的机器人，其次才考虑美学效果，那就让它那样吧。这取决于你自己的项目和设计。

然而，如果你首先要满足的目标是个人成就感，那不妨花点额外的精力，给机器人添加一个外壳或者喷上一些油漆，让它好看一些吧。Frank Jenkins 的吸尘器机器人的外壳就吸引了我的眼球。然而，Ken Maxon 的机器人则以其内部的机械构造吸引我和很多其他人的。

记住，要制作一款好看的机器人，你并不需要像 Ken Maxon 那样的一个大的机器人商店，只要留意去做一些更好的事情，或者是独特的事情就行了。真正的机器人爱好者，将会看到任何好的机器人项目的内在之美。

机器人的好处

Tom Carroll 撰文　雍琦 译

我刚读完 Martin Ford 的一本书——《机器人时代：技术、工作与经济的未来》。在该书的前言里，Martin 讲到诺贝尔经济学奖得主 Milton Friedman 参观某个亚洲国家运河工地的事。多年以来，我听过这个故事的很多版本。Friedman 被工地上的场景惊呆了，这里没有现代化的拖拉机和重型推土机，工人们挖地所用的工具只有铲子而已。他问身边的人，怎么工地上机械化设备这么少。陪同他的政府官员回答说："你不懂。这是为了促进就业。" Friedman 的回应后来成了名言："原来如此。我原以为你们想挖运河呢。如果是为了促进就业，你们应该让工人用勺子挖，而不是铲子。"

在一一介绍种类繁多的机器人之前，我想先回顾一下过去 45–60 年间机器人产业的发展历史，看看真正实用的机器人是怎样诞生的。

图 1 电视机价格占收入比：1954 vs. 2014

图 1 展示了一种 60 多年来已处处可见的日用产品：彩色电视机。20 世纪 50 年代的电视机，还用着笨重的孤面玻璃电子射线管显像器（CRT），其内部线路是手工连接的，电子元器件体积很大。

到了 2010 年代中期，电视机早已告别"粗犷"的 CRT 显示器，转而使用 LCD 显示技术。这种电视机完全由机器人组装。

正如图 1 所示，20 世纪 50 年代的人得工作 508 个小时才能买得起一台电视机，而现在只需工作 7.8 个小时就能买到一台品质好得多的电视机。

我们身边的机器人

本文一开始所引 Friedman 所说的话，让我不由得思考起这样的问题：机器人在工业、家庭、医院甚至战场上的广泛应用，会对我们的社会造成怎样的影响呢？在机器人发展的早期，很少有企业会购买和使用机器人。即使有企业这样做了，也不是真的觉得这样能提高生产效率，而是为了向竞争对手显示自己与时俱进。在计算机的早期时代，情况与此类似。

有些企业会在仔细研究了计算机将带来的好处后，买下一台计算机，用它帮助提高生产效率和利润。有些企业则只是把大型主机摆在僻静角落里向来访者炫耀，与此同时，其员工仍用着计算器埋头苦干。

敏锐的企业家善于发现怎么用好机器人，让它真正成为帮手。有发明家精神的人会这样问自己："某项费时费力的工作，机器人是不是能干得比人更好呢？""有什么办法能让这项工作变轻松吗？""用机器人替代工人，是不是能够提升安全性呢？""机器人能做得更快更好吗？""小小的自动吸尘器能极有效率地清扫地面，完全不需要人的干预，能不能把这种发明推广到其他地方呢？""如果用机器人代替警察和战士，我们仍能打赢吗？"

最后一个问题让我想起一个老笑话："如果战争来了，但没人上战场，谁会赢呢？"没人赢，还是都赢了？如果参战的都是机器人，最起码的好处是人的性命保住了。请读者想象一下，这将意味着什么。

一台卖给通用汽车的真正的机器人

第一台"真正"的机器人，而不是机器人玩具，是 Unimation 公司于 1961 年生产的 Unimate，如图 2 所示。这种机器人脱胎于 George Devol 的专利发明"Programmed Article Transfer"。Unimation 公司是由 Joe Engelberge 同 Devol 一起创建的，他们当时向工业领域推销所谓的"操作者"概念。那时的企业领导者对使用机器人这种想法嗤之以鼻，觉得这种发明难以适应"现代的"工作环境。

图 2　第一台工业机器人：Unimation Unimate

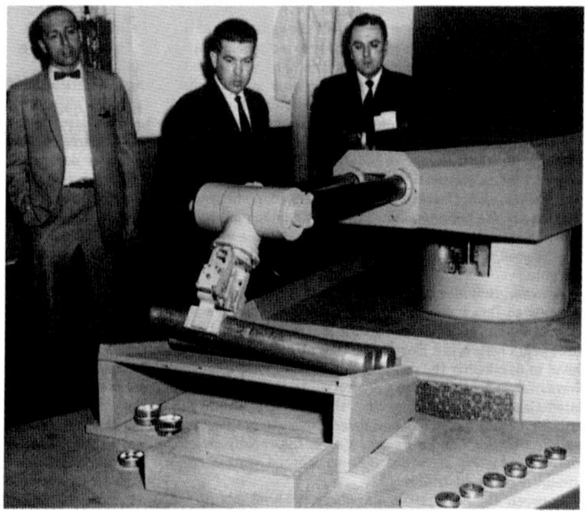

Devol 和 Engelberge 用不断改进的产品为自己说话。不久之后，他们开始称自己的产品为"机器人"，并把第一台 Unimate 卖给了通用汽车的新泽西工厂。这台机器人的工作是，从锻造炉里取出滚烫的铸件。

人们在 20 世纪 60 年代预想机器人将是一种纯粹的用于工业生产的工具。起先，工人们担心机器人会取代自己，造成失业。但是，当他们看到机器人能干油漆、焊接等苦活累活，能毫不疲倦地做重复性动作，转而欣然接受了这种新事物。有些"被取代"的工人很快重新找到了工作：为取代他们的机器人编写程序。过去几十年间，机器人产业发生了戏剧性的转变。有兴趣的读者可以找找我之前那篇介绍 Engelberge 怎样把机器人从工业领域转向家庭和医疗领域的文章。

工业机器人如何帮助工业生产

机器人到底为工业生产带来了什么？除了从事拿出滚烫的铸件这类危险性工作，机器人很快学会了喷漆（如图 3 所示）、焊接（如图 4 所示）、搬运物料、精细化组装以及其他各种各样的工作。

企业主们很快发现，越安全的工作环境越能省钱。喷漆和焊接产生的有毒有害物质，会损伤工人的身体，这就如同重体力活、极高 / 低温、重复性劳作等会对人体造成损伤一样。不论是企业管理层，还是一线工人，都乐见越来越多的工种由机器人取代。结局并非如图 5 所示的那样。

图 3　机器人喷漆

图 4　机器人焊接

机器人能做什么

机器人的应用体现在日常生活的方方面面，并不仅限于工业领域。媒体和电影常把机器人描述成一种强大的存在，实际上这也不尽然。比如，一个体重 80 千克的人可以操作甚至抬起与自身体重相等的重物，而这是机器人永远做不到的。

图 5　这里把机器人代替工人描述为一桩坏事

机器人擅长的是，搬运和放置 15 千克的小东西，以快速而准确的动作反复从事这项工作——而这样的工作往往有损于人体健康。

（人类从事的）重复性劳作，比如给数以千计的电路板安装元器件，很容易出错。而机器人不会犯类似工人的错误，对它们来说，每一次组装都是一项全新的工作。与此类似的是汽车组装线上的点焊和气焊工作，这种工作需要操纵并定位笨重的焊机头。

我以喷漆和焊接作例子，是因为这两项工作是最先使用到汽车自动装配线上的，而且很快进入了其他生产领域——从小型手持设备到大型轮船。

以机器人人代替工人的另一个好处是，就长期而言，这样更能节省成本。尽管自 20 世纪 60 年代以来，机器人的价格一直在下降，但直到今天仍说不上便宜。况且，购买机器人之后，往往还有安装和培训等其他费用。但在管理层眼中，这种替换的好处会在以后慢慢显现：机器人不需要休息，几乎可以无限使用；机器人不会罢工，让做什么就做什么。

是的，机器人可能会需要休息。但这种休息只是“偶尔为之”，比如维修和保养。图 6 中显示的是克莱斯勒公司美国工厂里的机器人，数量多达 1100 个。这些机器人需要有人类监督者管理和保养，他们在生产线上的工作也需要人类搭把手。但是请注意，这个车间里的机器人数量远远多于人类。有价值的机器人程序能够显著提高生产效率，降低成本，并为人类工人提供更好的安全保障。

图 6　克莱斯勒公司美国工厂里的 1100 台机器人

目前为止，本文的关注点一直是工业机器人，这主要是因为工业领域是最先采购和使用机器人的。对于一个国家的经济来说，工业机器人的价值无限。尽管如此，工业机器人也只是机器人家族众多成员里的普通一员。私人、家庭、军事、警察、医疗以及其他各种你想得到的地方，都有机器人的身影。在美国工业领域，目前机器人与工人的比例是 164:1000，机器人的安装数量仍有很大的增长空间。

图 7　1970 年以来世界制造业强国的工业产品出口

1970—2009年间，工业产品（含矿业和公用事业）出口8强（以2005年美元价格计）

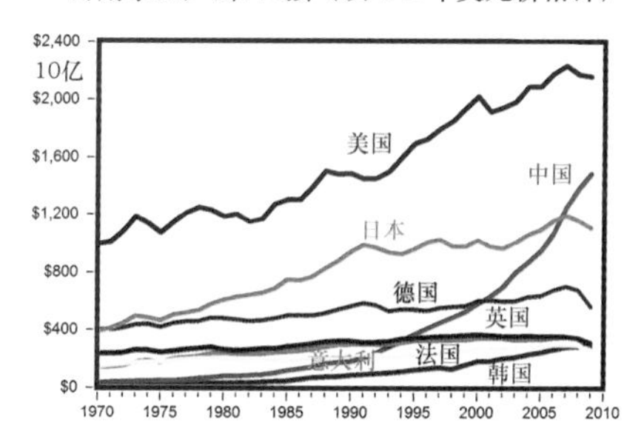

工业机器人的发明在美国，但其他国家正以极快的速度在机器人产量上赶超美国。中国正在奋力追赶美国，如图 7 所示。

工业领域之外的机器人

机器人将在家庭和医疗领域得到极大的应用。2016 年圣诞节的无人机销量数以百万计，BB8 和 R2D2 机器人用掉的电池不计其数，而机器人的销量与此不相伯仲。人们对机器人趋之若鹜，美国联邦航空管理局已经不得不考虑与此有关的安全问题。（本周我注册了我的无人机，我觉得我大概会得到 5 美元的返现。）

无人机和玩具机器人是 2016 年圣诞节的销量冠军，而以 Parallax、乐高和 VEX 公司为代表的教育型机器人，早已遍布全球各个国家的学校。

玩具机器人有什么好处?

玩具机器人和玩具无人机对人类来说有什么益处呢?一个显而易见的简单答案是“好玩”。很多无人机的命运都很惨烈。如果无人机在 30.48m 高空突然没电了,它们的结局往往不是挂在树上(如图 8 所示),就是撞到路上。当然,让它们满血复活也不是什么难事(如图 9 所示)。

图 8 不小心挂到树上的无人机

图 9 为了不再挂树上,就把树砍了吧

医疗领域的机器人

玩具机器人广受欢迎,老少咸宜。不过,我在这里想要介绍的是机器人在某个严肃领域的成功应用:医疗。医用机器人有很多种分类,如外科手术机器人、导医机器人、医用假肢和外置骨骼、患者远程监控机器人、家庭医疗助理机器人。

医疗费用正在以飞快的速度增长,医院和医疗人员对此十分焦虑。而机器人能在全面提高医疗水平的同时,显著降低医疗费用。

我亲身体验过外科机器人。我可以负责任地告诉你,外科机器人并不是要代替医生实施手术,每一种外科机器人只是在特定外科项目上为医生提供帮助。前列腺手术可以很好地说明这一点。通常来说,医生难以在普通的手术台上清楚地观察病人身上的这一部位。

使用达芬奇这样的外科机器人,医生可以舒服地坐在离患者 4.57m 的地方,在电脑控制台上清楚地观看病患部位的高分辨率彩色三维图像。控制台的另一端可以换装不同的医疗设备,用于分离体内组织、缝合器官等手术操作。机器人的好处显而易见。

家庭健康护理机器人

就在几个月前,我刚写了一篇关于健康护理机器人的文章,不过那篇文章偏于这类机器人的发展历史。在此处,我想重点谈一谈使用这种机器人的理由及其在经济上的好处。

就像我早先说过的那样，健康保健方面的费用像坐着火箭一样不断上涨，这在很大程度上都是人为造成的。预计到 2030 年，美国会有 20% 的人口年龄大于 65 岁，而这个比例在 2010 年是 13%，1970 年是 9.8%。像日本那样的国家，老龄人口的比例更高。

我极其渴望真正有用的健康护理机器人能得到长足发展，尽管它们现在的应用还有很大的局限性。而且就可以预见的将来而言，机器人还不能完全胜任健康护理方面的全部任务。

人类的灵巧性、对于力道的把握、细致的感官，以及控制这一切的最强的“电脑”——人脑，所有这些使得人类在各个领域都比机器人强。

之所以要在家庭健康护理上引入机器人，主要目的是为了降低人工费用，这同其他行业没什么两样。此外，人类无法胜任连续 168 小时的不间断工作。168 小时也就是整整一个星期，这通常需要人类护理员倒 4 个班。想想这些事情吧——护理员病了，要休息了，要吃饭了，工作态度消极了——你就会意识到拥有一个可靠的护理机器人具有多么大的意义。

1 年有 8 760 小时，如果护理员每小时工资 15 美元，那么你一年的花费将是 131 400 美元。除了如此巨额的费用，还有像走马灯一样换班的、缺乏专业经验和知识的护理人员。

一般来说，一个人需要护理服务并不意味着要有一个注册护士 7 × 24 小时陪着他。他并不需要专门提醒吃药的或者像条哈巴狗那样一直围着转的机器人。对于需要护理服务的人来说，他们希望有人帮助做一些简单、但对病患者来说危险的事情。比如，跌倒了能帮着扶起来（还能确认有没有摔坏），帮着上厕所，帮助上下床，帮助推进推出轮椅，帮助拿高处的东西等等。

对大多数人来说，简单地处理食物是小菜一碟的事情：把食物从冰箱里拿出来，放到微波炉里，调好时间和温度。但对一些上了年纪的人来说，这些动作难比登天。这就是机器人能派上用场的地方。同样有用的是患者远程监控机器人（如图 10 所示）。通过这种机器人，健康顾问和家人能随时观察家里老人年的情况，随时沟通。

图 10　患者远程监控机器人日益强大，有许多公司在生产老百姓用得起的此类设备

合理控制机器人与人体接触的方式，是机器人设计的一大挑战。在这方面我已经钻研了好多年。盯上机器人弄伤人类这种官司的律师，多得像牧场上的苍蝇。而现实情况是，需要身体接触的护理项目多得不计其数。很多时候这与病患者的体重有关，机器人要能恰到好处地根据病患者的体重来用力。

图 11 所示的 Robear 机器人就是这种设计的一个尝试。它能托举起一个人，尽管此处“托举”

含义不甚明确。被托举的人意识清醒吗？如果病患者是昏迷的，机器人怎样才能在既不捏伤皮肤，又不把其身体折成V字形，还能避免掉下来的情况下，把手臂伸到其背部，把他托起来呢？我想还是得先让机器人学会护理意识清醒的病患者，然后再逐步扩展其功能。顺便说一句，家庭健康护理机器人不是非得长得跟电影《机器人与弗兰克》里的那位一样（如图12所示）。（当然，我个人是非常欢迎这个长相可爱的小伙伴住在我家里的。）

图11　Robear 护理机器人能够托起病人

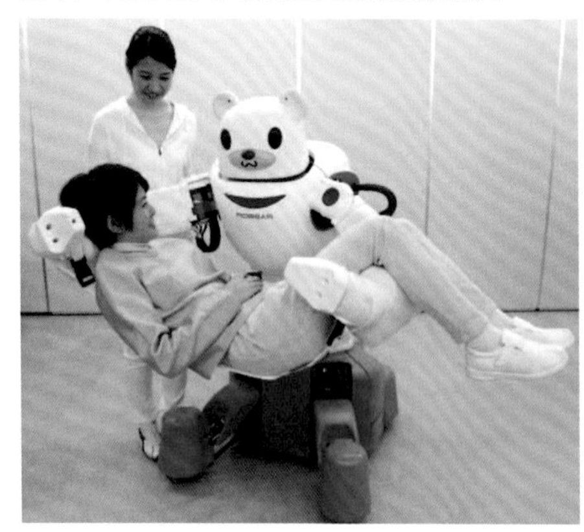

图12　电影《机器人与弗兰克》剧照

外置骨骼

外置骨骼的发展在近几年备受瞩目，无论是在增强人体力量方面，还是在帮助伤病人员的康复训练方面。人体运动需要调动肌肉力量，外置骨骼则能赋予肌肉更大的力量。

外置骨骼使用当今最新式的高密度大能量锂电池驱动，而不是老式的化学电池。但就是对锂电池来说，满足外置骨骼运动中需要的峰值能量，也是一个考验。

图13　用于上身理疗的 Harmony 外置骨骼

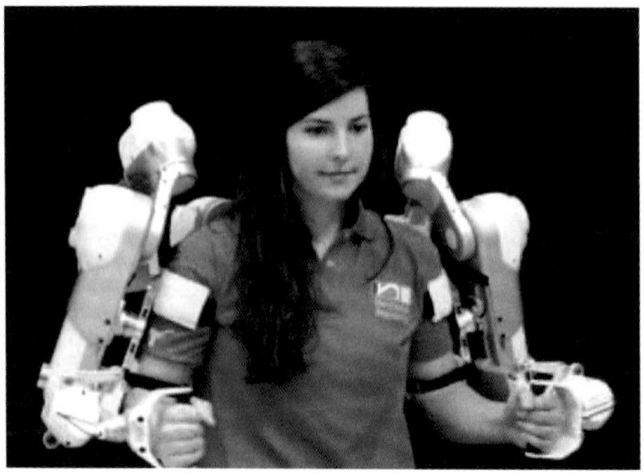

对于伤病人员康复训练来说，外置骨骼还是个新事物。目前而言，它仍比较笨重，不适宜长期佩戴。《Design News》杂志2015年第12期刊有一篇文章，介绍了一种双臂理疗机器人（如图13所示）。这种机器人由德克萨斯大学奥斯汀分校研制，在帮助上脊柱和神经损伤康复方面，具有开创性的意义。它能根据人体反馈力量的大小作出相应的反应，记录伤病人员的表现情况，跟踪其康复过程，最终达到理疗目的。

《连线》杂志2014年9月期刊有一篇文章，介绍了美国海军所使用的工业用外置骨骼“FORTIS”（如图14所示）。FORTIS并非要把战士升级成“钢铁侠”，而是用来帮助工人完成工业作业的。比如修造船舶时，工人往往要长时间半蹲着，或者连续几小时扛着重达 16 千克的点焊机。对于工人来说，这种情况与汽车生产线上的作业相似：长时间扛着重型设备实在是太折磨人了。

请注意图 14 中 FORTIS 背部的可调节对重平衡物，它能在相当程度上缓解工人背部的压力。FORTIS 的重量只有 16 千克，工人穿着它仍能爬梯子、走台阶，其他大多数动作也基本不受影响。

FORTIS 是靠人力驱动的，这与外置骨骼靠电池驱动有所不同。但二者的结构和关节设计有共通之处，非常利于相互借鉴。FORTIS 或许还称不上是机器人，但它无疑为减轻工人负担作出了贡献。

图 14　美国海军的 FORTIS 外置骨骼

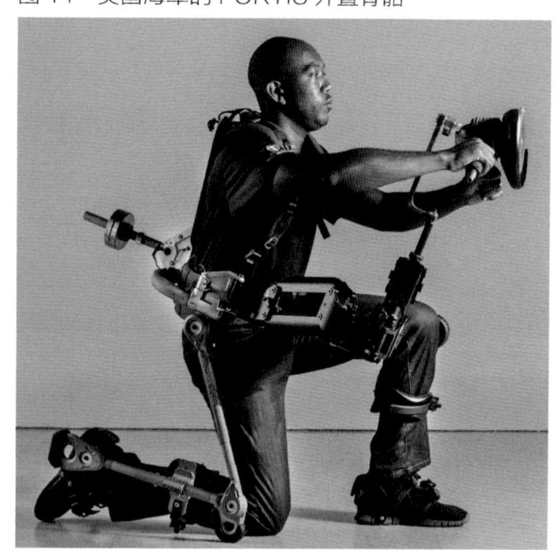

生产机器人的机器人

机器人高度发展，自我生产，超越人类，这是科幻小说里常有的经典套路。如今，仍有未来学家对此惴惴不安。剑桥大学的一个研究团队发明了一种“母体”机器人，它不仅自主生产下一代，更能将进化的自然特性选择引入这一过程，其子子孙孙一代更比一代强。

图 15　剑桥大学研究的“母体”机器人和它的“孩子们”

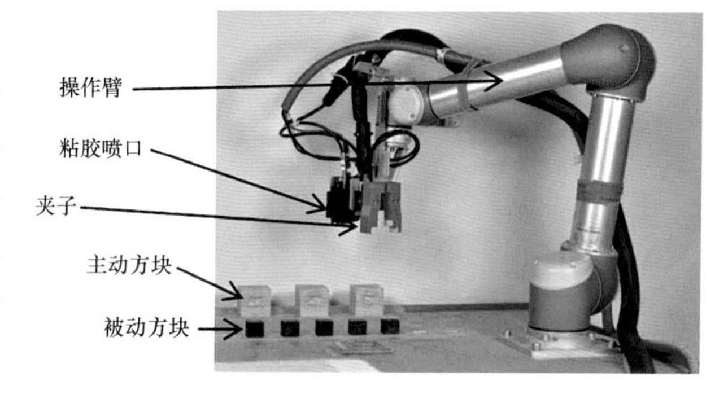

图 15 展示的就是这个“母体”机器人，图 16 里的小蓝方块则是它的“孩子们”。每个小蓝方块体内有一个马达，它身边更小的方块则只是方块而已。把这两种方块粘到一起，它们就能动起来。“母体”机器人检查每一对组合在特定时段内能走多远，把表现最好的组合移到另一区域。如此反复，至 10“代”为止。

图 16　“母体”机器人操纵“孩子们”的过程暗合进化规律

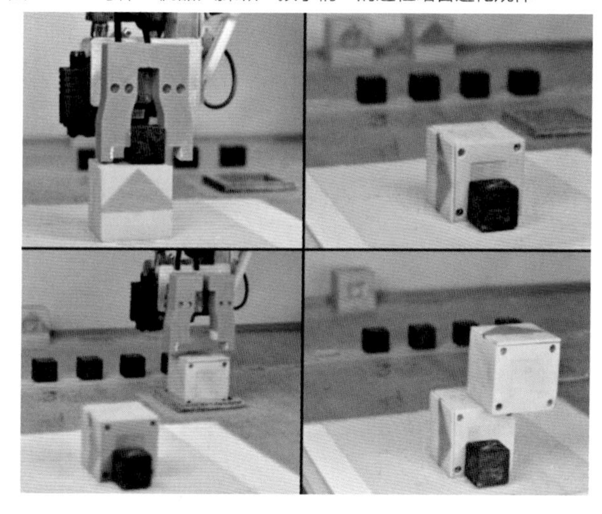

这就是人工智能吗？当然不是。“自然选择本质上就是复制、评估、复制、评估的连续过程”，剑桥大学工程学院的首席研究员 Fumiya Lida 博士如是说：“‘母体’

机器人正是这么做的。我们可以从中清楚地看到演进和分化的过程。”机器人自我复制是“好事”吗？让我再想想吧……

结语

我觉得没必要在这里列出所谓“好”的机器人都有哪些，也没必要面面俱到地介绍机器人已经一展身手的领域。我的目的是想让读者同我一起思考这样的问题：一种新型机器人面世，将为人类社会带来什么好处。

图 17　未来学家 Peter Cochrane 描绘的场景：机器人和显微镜

图 17 里的机器人对着显微镜作研究状，很有科研人员的味道。但实际上，现在的人工智能和高级计算机是通过视像分析系统直接研究观测数据的，其水平之高、能力之强，让传统方式难望其项背。

图 18 里的机器人有点闹情绪，看来仍由人类担任护理工作比较合适。是吧？

图 18　老年人护理机器人的进展

如果科技失败了

Tom Carroll 撰文　雍琦 译

“挑战者号航天飞机失事 30 周年”是最近一段时间以来各种报纸、杂志、电视新闻的头条——特别是在 2016 年 1 月 28 日那一天。当今世界，科技发展的速度惊人，成果日新月异，备受瞩目。但有的时候，它也会造成让人意想不到的后果。本文将跨越单纯的机器人领域，回顾近些年来发生过的重要科技灾难。30 年前的那场悲剧，正是科技灾难的典型案例。

我对挑战者号失事的那天记忆犹新，可能很多人跟我有同样的感觉。挑战者号在升空 73 秒后因液体燃料舱爆炸而解体（如图 1 所示），此事的影响远超想象。挑战者号是全世界最复杂的、最让人惊叹的科技奇观，却以戏剧性的方式宣告失败，造成 7 人遇难。事故发生的时间是 1986 年 1 月 28 日上午 11 点 39 分，地点在肯尼迪航天中心火箭发射场。（对我来说，那是 10 点 39 分，当时我正在位于休斯敦的约翰逊航天中心。）如果你明白事件原委，就会知道为什么它对我的打击如此之大了。

图 1　1986 年 1 月 28 日挑战者号爆炸

挑战者号上的两名宇航员

我曾是 NASA 承包商 Rockwell 公司的首席工程师，负责开发空间站远程移动操作系统（Space station’s Mobile Remote Manipulator System，MRMS）。有一次，我刚刚代表我们设计团队向 NASA 做完项目报告，同 NASA 的同事一起走出约翰逊航天中心会议室，准备稍事休息。大厅对面是宇航员教练室，分别属于 Christa McAuliffe 和 Barbara Morgan。Christa（如图 2 所示）正巧在这，我们就同她攀谈起来。她活泼爽朗，热情洋溢，给人的感觉就像是在圣诞节得到了整个玩具店作为礼物的小孩子。她的礼物确实非同凡响：一趟太空之旅。

作为一名宇航员教练，Christa 特别善解人意，带着我们参观了 A 训练舱（如图 3 所示）。A 训练舱是一间热真空舱室，直径 16.7 米，高 27.4 米，我和 NASA 那位同事首次目睹了它的真容，而 Christa 的博学令我们叹为观止。我们三人边走边聊，参观了约翰逊航天中心的好几处地方。我后来给 Christa 发去了一些 Rockwell 机器人项目的资料，以供她教学之用，她很客气地感谢了我。她真是一个魅力十足的人啊。

图 2　宇航员教练：Christa McAuliffe

图 3　约翰逊空间中心的热真空训练舱 A

我曾多次访问约翰逊空间中心，有一次曾有幸结识了 Judith Resnik 博士（如图 4 所示）。Judy 拥有卡内基梅隆大学的电子电气学博士学位，是 NASA Canadarm 航天飞机远程操作系统（Canadarm shuttle remote manipulator system，SRMS）的专家之一。她向我介绍了早期版本的航天飞机尾舱

Canadarm 模拟器（如图 5 所示），带着我跑了一遍全程操作。

图 4　Judith Resnk 博士，NASA 航天员

图 5　加拿大宇航员 Marc Garneau 在 Canadarm 模拟器控制台前

在操作过程中，我们还留了一张合影（可惜我没保存下来）。我双手把着操纵杆，假装在操纵机械臂，她还展开双臂抱着我，与我“击拳”。坦白地说，那场面就像一个幼儿园小朋友坐在史蒂芬 · 霍金身边瞎玩。她是个在工作中创造力十足的工程学博士，我虽然也是个博士，但我在 SRMS 方面要学的东西还很多。

挑战者号爆炸

几个月后，正是那场灾难发生的当天，我碰巧又回了一次约翰逊航天中心。还是在那间会议室，我手持教鞭站在台前，介绍我的 MRMS。NASA 项目管理员示意我暂停一下，因为再过几分钟航天飞机就要发射了。我身后上方巨大的 CRT 显示器上，正在直播发射现场画面，已经进入倒计时了。我坐到了讲台上，与其他人一起看着屏幕，教鞭像一根手杖似地垂到地上。我们看到的是 NASA 内部直播画面，因此并没有画外音作讲解说明，只有公共事务发言人 Steve Nesbitt 冷静的声音。

正当我在那里跟其他人一样看着直播画面时，我听到了“CAPCOM”。Richard Covey 告诉宇航员，现在可以“推进节流阀”。航天飞机指挥员 Dick Scobee 确认信息：“收到，推进节流阀。”3 秒后，导航员 Mike Smith 突然大喊一声。这就是挑战者号上传回的最后声音。

怎么回事？我在直播画面上看到了巨大的火球，两条弯弯曲曲的烟从固体燃料舱冒出来，不一会儿燃料舱就从航天飞机上掉了下来。我当时就懵了，不敢相信看到的是什么。我虽然没有参与航天飞机发射，但哪怕不是“火箭工程师”也看得出来，事情不对劲。几秒钟后，Nesbitt 的声音从直播中传来：“飞行控制室正在密切关注事态进展。显然，出现了重大故障。”我一下子惊醒过来，恢复神智。声音继续响起：“我们从飞行动态办公室获悉，航天飞天爆炸了。”会议室陷入死一般的寂静。

我脑中闪过无数画面，从航天飞机巨大的爆炸，到那上面载着的两位我认识的宇航员。在近乎麻木的几分钟之后，我冲出大厅，打电话给我妻子告诉她发生的一切。你看，当灾难来临时，它是真真切切地关乎个人的。

细节导致灾难

就像许多读者知道的那样，图6中的两个直径3.65m的O型环是用来密封出故障的固体燃料舱的（SRB）。密封垫上极小的泄漏，就会产生喷向右侧SRB支柱的明火，舱内的氢氧混合燃料受热爆炸，直接导致了事故发生。航天飞机在发射前，在零度以下的环境里等了一个晚上，O型密封环受冷发硬，密封效果打了折扣，没有达到设计要求的功能。

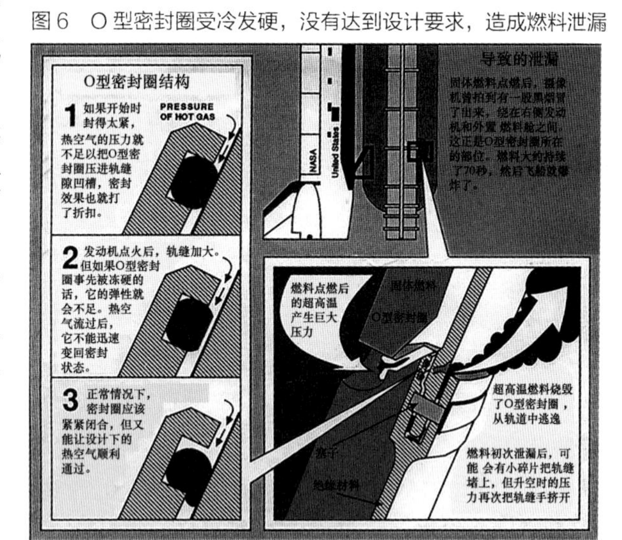

图6 O型密封圈受冷发硬，没有达到设计要求，造成燃料泄漏

SBR的建造者Morton Thiokol对于O型密封圈受冷发硬是有所担心的，但NASA一意孤行，没有听取他的建议。每一个SBR装载1100吨固体燃料。当SBR的支柱被烧断，燃料舱就会开始碎裂，泄漏出来的燃料相互混合，产生大火球。在发射过程中，SRB中的燃料已经基本燃烧殆尽，航天飞机主舱内的2050立方米液体燃料也已经烧得差不多，但事故发生时剩余的燃料仍然足以造成爆炸。小缺陷引起了大灾难。如果你想深入了解此次事故的话，网上有足够多的材料可供查阅。

作为候选宇航员之一，Barbara Morgan后来接受专业训练，参加了哥伦比亚号航天飞机任务。2003年2月1日，哥伦比亚号航天飞机在返回地球时爆炸，这是继挑战者号之后的又一次航天飞机灾难。那天我又刚巧在同这次飞行任务有关的特殊地点——澳大利亚悉尼市。正当我和妻子准备收拾行李离开酒店时，服务生急匆匆地敲开房门，告诉我说：“你的航天飞机刚在返回途中爆炸了。”哥伦比亚号当然不是“我的”航天飞机，但我是美国人，因此服务生觉得我应该知道。

哥伦比亚号返回地球时，身上掉下的一块绝缘泡沫砸中了机翼前缘，导致防热罩受损。我们都知道航天飞机返回地球时会经历什么。航天飞机发射和返回面临的技术问题不尽相同，但它们同样都有致命的危险性——这就是两次灾难带给人们的血泪教训。

怎样才能在设计中预见并避免失败

要是你能回答这个问题的话，马上会有无数公司赶着来敲破你的门了。好的工程设计包含一系列试验过程，用以确保产品质量。产品可能是个简单的纸夹，也可能是价值百万美元的机器人或航天飞机。Elon Musk的Space-X是一家成功的私人航天公司，这家公司一直以来在试验飞船尾部着陆。一旦测试成功，将能以较低廉的价格开展航天服务。这项试验在2016年的1月17日几乎取得成功。在当天的试验中，Falcon 9号在发射过程中使用过的第一级舱体已经返回到驳船上的着陆点，可惜在慢慢回正舱体的过程中有一根支柱倒塌了。这可能是发射前天气过冷导致的机械问题。佛罗里达那倒霉的

大雾天气啊！

Musk 的竞争对手 Jeff Bezos 也在尝试回收飞船，他的 Blue Origin 飞船已经取得了成功。

机器人的故障

如果你观察一台机器人，能够分辨哪种故障是一次性的，哪种故障是设计导致的并将引发一系列后果吗？有的时候，有些情况，所谓的故障或缺陷只是操作失误。如果我的 8 旋翼 Parallax ELEV 老是撞地，那到底是它有设计缺陷呢，还是我操作不当呢？ELEV-8 是一个优秀的无人机平台，而且易于操控，专业人员可以把它玩得非常溜。

多年以前，我花了好个月的时间打造出一台重达 18 千克的机器人，那段时间我感到无比荣耀和快乐。我为它安装了 4 个 Polaroid 牌静电测距仪，1 个 68HC11 处理器，1 个旋转式摄像仪。通过远程电视接收器和 RF 链路，我就能看到机器人拍摄的画面。机器人的动力则由 1 个 3.6 千克重的密封铅酸电池提供。我清楚地记得，在第一次测试时，我刚打开电源，机器人就像疯了似地猛冲出去，一下子跃出工作台摔到地上，壮烈牺牲。它头顶上的摄像装置重重摔在水泥地上，撞成一团。电池盒也破了，胶状铅酸都被摔了出来。

你说这是因为我的设计有问题呢，还是编程水平太差呢（也就是说我是个差劲的程序员）？是不应该把机器人放在离地很高的桌面呢，还是纯粹的操作失误呢？我当时垂头丧气，觉得还是操作失误的原因吧，可能也有一点编程方面的问题。有时候，愚蠢的错误会改变你的思维方式，因此你再也不会犯同样的错误。此后我再碰到测试机器人这样的事，要么把它放在地上，要么放在有护栏的地方。

以我多年以来在研发和测试实验室的工作经验，我清楚地知道，测试不宜太多，改装不宜太过。但是，如果以局外者的身份叙述航天灾难而不清楚其技术细节，那么所谓的叙述只会沦为一篇煽情散文。

Youtube 上有很多 Falcon 号助推器在着陆过程中缓慢跌倒的视频，而我后面将会讲到在 DRC 比赛中失败了的那些机器人。请注意，背景音乐风格的转换会很大。

媒体炒作于事无补

在本文开头，我讲述了震惊世界的航天飞机灾难及其造成的人员伤亡。遗憾的是，机器人的历史同样悲惨。这并不是因为机器人生来就是危险的，而是因为人们太把机器人当“人”了，以为它们是“故意”的。

如果吊车起重臂掉下来砸到人，会被认为是一起施工事故。如果机械设备发生故障，造成工人死亡，那也只是纯粹的安全事故。不过，2016 年 6 月里发生的一件事似乎就不同了。在德国大众机器人工厂里，有一个工人被机器人抓着撞墙，当场死亡。

事故发生时，这名工人身处机器人防护工作区。大多数有可能造成工伤的工作流程，都设计有保护开关。如果有人正在从事危险工作，这种开关可以切断电源，保护工人。那么，事故到底是怎么发生的呢?大众公司恐怕将面临远比此次事故更严重的问题。

图 7　原打算于用报道大众公司机器人事故的配图

一家印度报纸一开始曾使用图 7 报导大众公司的这起事件。这张图原本是 Jason Torchinsky 用在他网站（www.jalopnik.com）的一篇文章里的。幸好，在发表时，这家报纸（《Times of India》）一位头脑冷静的编辑用大众公司的标志替换了此图。如果当初报纸以原图发表文章，我想肯定会有读者联想起邪恶的终结者，或者（如同 Jason 原文里提到的）浑身刺青的 C3PO 机器人捅穿人类竞争者的肚子的情景。

图 8　标题改作“机器人杀害大众公司工人”会更好吗

图 8（新闻截图）形像不过得表现了这一场面：机器人“抓起工人往墙上砸”。

一旦陷入媒体煽情的泥淖，真相就会迷失，就像大众公司的这次事故。为了报纸销量或电视收视率，媒体会不择手段地吸引受众注意力，而煽情往往很奏效。使用机器人的确是有危险的，美国职业安全与健康局（OSHA）就列出了工业机器人的 7 种潜在危险：

- 人为事故：纯粹由工人原因造成的事故。
- 控制事故：软件及相关系统缺陷。
- 越权进入：越权（或生手）进入相关工作区域。
- 机械故障：机器人机械故障。
- 环境因素：电涌、通信失效。
- 电源系统：因外部原因导致的断电。
- 不当使用：机器人故障引起的人身伤害。

工业机器人造成的工伤事故不胜枚举，《纽约时报》在 2014 年就曾多次报导。《纽约时报》在报导中还列出了 2001 年、2006 年、2011 年发生在美国工厂的与机器人有关的致命事故。据英国《经济学人》报道，2005 年当局正式通报的与机器人有关的事故多达 77 起。该报道说：“多年以来，机器人造成各种各样的工伤：压伤、撞伤、焊头焊到人、喷漆喷到人，甚至还有把铝水倒在人身上的事情。”

看到此处，读者可能会心头一紧吧。不论何时何地，跟机器人待在一起时千万小心啊。不要相信机器人。它们就要冲着我们来了，六亲不认。

在 DRC 比赛中失败的机器人

2015 年夏天，美国国防高级研究计划局（Defense Advanced Research Projects Agency，DARPA）举办的机器人挑战赛（DARPA Robotics Challenge，DRC）上，有一些机器人选手出了洋相。我对媒体的幸灾乐祸感到愤愤不平。在 DRC 比赛中，机器人选手要模仿救援人员应对一系列灾难和事故，这包括使用各种救援工具、拧开 / 关上各种阀门——而这些工具和阀门原本是为方便人类操作而设计的。

为了让机器人有竞争力，参赛团队投入的资金动辄以百万美元计。这些机器人装备有最先进的感应器和执行器，软件程序有数百万行之多。打造这样的机器人，耗费的时间和精力难以估量，而像这样精巧复杂的东西，往往免不了有设计上的缺陷。

YouTube 上有些视频拿比赛场上的机器人取乐，用柴可夫斯基的《1812 序曲》给它们笨拙的动作配音。鉴于某些机器人的表现，我能理解视频制作者的心情。令人疑惑的是，DARPA 官网上的背景音乐也是《1812 序曲》。

造成机器人失败的真正原因

在观看 DRC 比赛时，我听到观众席中有人大声惊呼：“唉呀，这可怜的东西害怕了。”原来，是 MIT 的 Atlas 机器人正在自己从北极星游侠全地形越野车（Polaris Ranger ATV）里下车，而它的动作擅抖，摇摇晃晃。

图 9　IHMC 机器人侧坐开车

机器人当然是不会害怕的。越野车身上装着一个方便机器人进出的金属台阶，是这个台阶在机器人经过时摇晃。哪怕这种摇晃极其轻微（比如说 1 度），机器人脚上的感应器也会作出反应，它的腿也随之抖动。越野车原本是为人类使用而设计的，人类进出车辆时，先抬一条腿，另一条腿再跟上。这个对人类来说极其简单的动作，却是机器人遇到的极大的困难。有的机器人因为身形太大，不得不把半个身子悬在车外才能开车，如图 9 所示。

图 10　越野车空间对于德雷克斯大学的 KAIST HUBO 机器人来说绰绰有余

KAIST HUBO 是由德雷塞尔大学设计制造的机器人，很早就开始参加 DRC 比赛。与后辈 Atlas 不同，越野车的空间对它来说绰绰有余，如图 10 所示。你说 Atlas 的窘样应归咎于设计失败呢，还是 DARPA 没有提供更大的越野车呢？我想两者都是吧。

DARPA 在比赛之前就已经说明，比赛中将会使用日常生活中较常见的北极星游侠全地形越野车。但在这之前，已经有 6 台为比赛设计制造的 Atlas 机器人体形超标了。

让机器人具有故障验证功能

为了更好地研究，我将 YouTube 上的一些 DRC 比赛视频进行慢动作回放，特别留意机器人“失败”的镜头。视频表明，机器人的双足设计似乎是造成其动作不稳定的主要原因。要让双足机器人自由进出、坐下、操作、驾驶，越野车得专门改造一番才行。

图 11　参加 DRC 比赛的 Aero 机器人采用四足设计

人类能够自由控制身体重心，自由进出车辆。但是机器人就不同了，它们得借助一个低一点的台阶才行。这个台阶是临时装上的，对于较重的机器人来说它不够稳固。

显然，双足和多足是自然界的常见形态，如果换成轮子，机器人就不是机器“人”了。人类世界的东西都以方便人类体态而设计制造，楼梯、门、车辆、工具，凡此等等，无一例外。要让机器人进行灾难救援，不得不考虑到这一点。

我们总不可能把楼房设计成倒塌时自动排成整齐的碎块，于是轮形救援机器人就能方便进出事故现场，搜救人员，清理碎渣。这不现实。我们难以预见灾难现场会是什么样，因此机器人必须有很强的灵活性，并能快速作出反应。

图 11 所示的参赛机器人 Aero 没有采用双足设计，其好处是显而易见的。摇晃颤动或者遍布碎渣的地面，对于双足机器人来说非常不利，因此 Aero 设计成四足。遗憾的是，它在沙地上功败垂成，如图 12 所示。为什么四足机器人会在沙地上侧翻呢？是四足本身就不适宜在沙地上行动，还是 Aero 机器人团队的设计有缺陷呢？

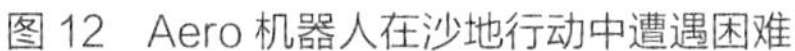
图 12　Aero 机器人在沙地行动中遭遇困难

我想 Aero 机器人团队肯定已经找出失败原因，调整了机器人四条腿的位置，在软件上也作出了相应修改。读者不妨想一想，沙地有什么样的特点？其形状的变化是连续、缓慢、轻微的，这对机器人感应器来说是个不小的挑战。

个人助理型机器人的故障案例

我曾为本刊写过一篇 iRobot 公司的 Roomba 机器人的测评，在测试中我遇到过一个很有意思的小问题。Roomba 不断弹出消息，说："请清理刷子。"可是我发现刷子其实并不很脏，只是稍微粘了点杂物，转轴上有几根头发。为了搞清楚原因，我在它身上装了两个万用表。一个用来测试电池的输出电流，一个用来测试电池电压。然后，在把它彻底清理了一番，并用 XActo 刀片剔除转轴上的头发后，我让它跑了几圈。

大约一小时后，万用表显示电流轻微上升，"请清理刷子"的消息再次出现。于是我拆下刷子，清理卷进去的头发。重新装好刷子再次运行，提示消息却出现得更早了。我又满心疑惑地拆出刷子，再次清理刷子上的头发，还特地把被带到转轴上的头发也全部清理干净。每次我重装刷子，似乎它都卡得更紧了。电流在上升，但并没有新的头发卷入。这是怎么回事呢?

我又一次拆下刷子，清除原先就在里面的没卷紧的头发。这下我才发现，有一个非常小的头发卷成的小圆锥体正好擦到金属转轴，转轴一转，这个小圆锥就会把轴套推向变速箱，越转推得越紧。摩擦产生热量，把卷入的头发烤成圆锥体。把这个小东西拿出来就万事大吉了。如图 13 所示，尽管仍有头发，但它们不再粘成小圆锥了。我把我的发现告诉了时任 iRobot 公司总裁的 Helen Greiner，正是她把这台 Roomba 寄给我的。她的工程师团队随即对刷头作了改进，让它不再缠头发，如图 14 所示。如今 Roomba 已经售出 1000 万台，iRobot 公司则一直以来在家用机器人领域保持领先地位。不仅如此，iRobot 公司还是研制军用机器人的佼佼者，Helen 本人的工作重心其实在此不在彼。

图 13　改进后的刷头可以防止头发卷到转轴上

图 14　转轴上露出来的头发可以起到保护作用

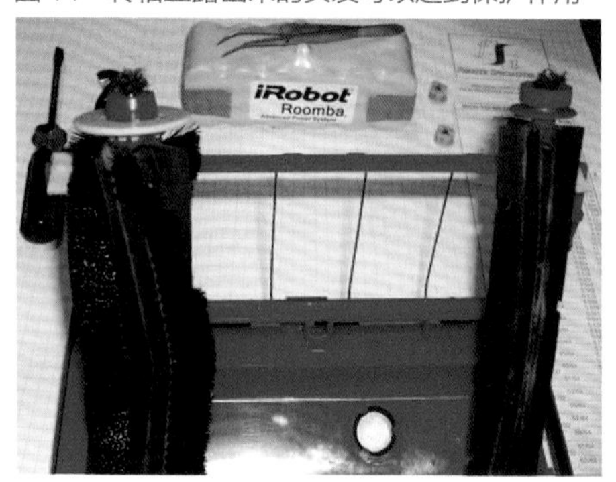

据说这家公司如今正在剥离其安保机器人业务，把重心转到家用机器人上。据《USA Today》报道，该公司计划让安保机器人部门独立组建公司，买家将是 Arlington Capital Partners。此次交易预计将耗时数月，涉及资产金额达 4500 万美元。即将成为新公司负责人的 Sean Bielat 表示，他的公司将成为美国国防部最大的地面机器人供应商。

Helen Greiner 则在 2008 年就离开 iRobot 公司，独自创办 CyPhyWorks——一家研发多旋翼无人机的公司。自成立以来，她的公司就受到了多家风险投资公司的追捧，其产品在全世界广受欢迎。

具有故障保护功能的实验性机器人

上述失败和故障的案例，动辄涉及成百上千美元的损失。不过对大多数读者来说，更现实的是怎样在自己制造的机器人身上避免类似的问题。除了某些格斗机器人，大多数玩家自己打造的机器人不会对人身安全造成显著伤害。但这并不意味着它们不会发生故障，而且有时候故障还很特别。

很多故障是因软件和感应器引起的。要排除这种故障往往得花费很多时间，重写代码，重新测试。

有些故障则是因机械设计或结构安装上的细小问题而引起的。比如，螺母没有拧紧，导致零件掉下来；结构件强度不够，导致不能提供有效载荷。焊接没有焊好，线头没有接紧，会导致动力或操控方面的问题。精心设计的电路板，如果不小心搞错了二极管和电容器的配极，那么就等着启动时闻焦味吧。

锂聚合物电池以其能量强劲著称，但你也肯定听说过它在夜里充着电就着起火来的故事。心爱的无人机飞着飞着就冒烟了，这也不算什么新鲜事。

结语

任何一项技术都免不了有出故障和失败的时候，这是技术发展的必由之路，想必读者对此都有深切体会。正如 Thomas Edison 历尽千辛万苦发明出灯蕊后所说的名言：“我不是失败了六千次，我只是排除了六千种错误的方法。”

作为一个在复杂技术系统测试方面身经百战的人，我可以非常肯定地告诉读者，绝大多数科技产品在达到使用要求、投入市场之前，往往要耗费很多时间接受各种故障检测，产品的大多数问题也正是在这些检测中暴露出来的。

厂家总是希望投入市场的产品是“完美”的，但有时候就是在检测中漏掉的很小的细节问题，会导致产品在消费者手中出现一系列问题，甚至会引起产品召回的严重事件。

当我们庆祝科技取得成功的同时，不要忘记检视问题，这样才能取得最终的成功。而且我觉得，诸如“机器人谋杀人类”这样的新闻标题，应该换成“因违反机器人安全规程，工人在作业时意外死亡”才比较适宜（听起来有点冗长，但意义更明确）。

等到下次 DARPA 举办 DRC 比赛时——尽管不知道那会是什么时候——我们一定会看到机器人在 2015 年以后取得的长足进步。

避免产品失败绝不仅仅只是靠拧紧螺帽、焊准接头、压实端子以及调试程序就能做到的。从最初的设想到最终的产品，要将“避免失败”的意识贯穿到整个设计制造过程之中。

机器人大赛

参加 RoboGames 竞赛的十大理由

Kevin M. Berry 撰稿　李军 译

每年全世界有数百个机器人竞赛。毫无疑问，所有的机器人竞赛中的“始祖级”的比赛，就是 RoboGames 了。这个每年一次的世界全项目锦标赛，到 2016 年已经举办了 12 届了，第 12 届于 2016 年 4 月 8 日到 10 日在加州 Pleasanton 的 Alameda County Fairgrounds 举办。你有几个选择，可以作为 3000 名参观者之一，每天都去观看比赛，也可以成为内部的“参赛者”。

有那么多团队年复一年地参加这个竞赛，竞赛的乐趣总会是很大的。2015 年的 RoboGames 中，代表 20 个国家（地区）的参赛者进行了 51 场赛事，总共有 214 个团队、671 个项目、706 个机器人和 730 名工程师。

除了有机会只花少量的钱和时间就可以参加比赛，当然，还能够通过加深你对机器人的着迷程度，从而增加你在家人和朋友心目中的威望，那有什么理由参加比赛呢？我们见到了 RoboGames 的幕后驱动者 David Calkins，并且问他了一个简单的问题，即为什么要参赛呢？ Dave 给出的回答不止 1 个或 2 个理由，而是给出了参加比赛的 10 个绝佳的理由。我们一贯很谨慎，还是准备去验证一下 Dave 给出的这些理由。

理由 1：遇到来自全世界的人们，他们都像你一样对机器人疯狂

理由 2：调酒机器人

Jamie Price 是调酒机器人之王，他有着世界级的发明创造，这就是 Bar2D2

Jamie Price 摄影

理由 3: 最终完成你已经在制作的机器人。你知道，自己已经有 3 个礼拜（或者 3 年）没有去碰它了

John McCusker 的 Beowulf 是那种只完成了一部分的机器人，而很多机器人构建者都会有这种经历。流了很多的汗水，身上有十多个流血的伤口，并且口袋里只剩下 5000 美元了

John McCusker 摄影

理由 4：未来就在眼前。你会为业余构建者在思考和实践机器人方面所取得进步而感到吃惊

一名观众被跳舞的机器人所吸引
Dave Schumaker 摄影

理由 5：跟大师级的机器人构建者，学习如何成为一名更好的机器人构建者

中国的邹人倜和他的复制品在一起。哪一个才是真人呢?
Sam Coniglio 摄影

理由 6：见到你想象不到的各种奇异的机器人

艺术机器人“Farad”在展示一些时尚
Scott Beale 摄影

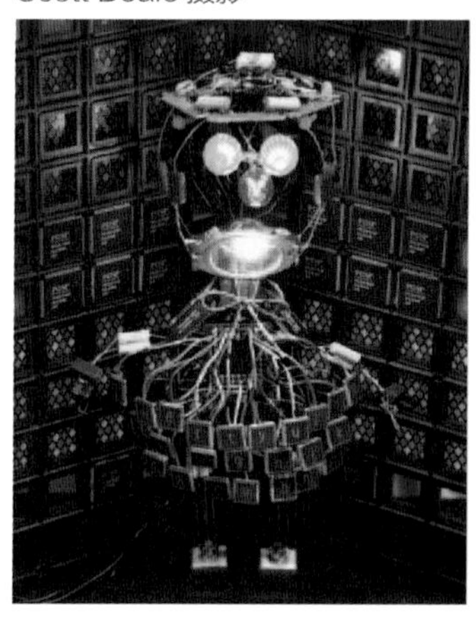

理由 7：看到来自全世界的数以百计的、很酷的机器人

这张照片似乎证明了有一些真正很酷的硬件会出场
Alan Musselman 的“The Flu Virus”靠其行走能力获得金牌
照片来自 RoboGames.net

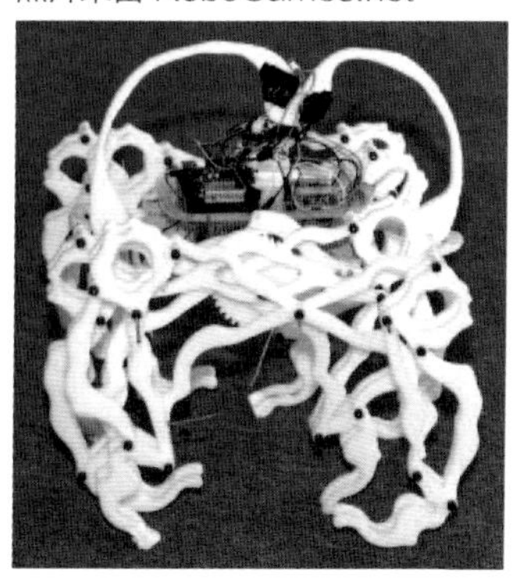

理由 8：当你和世界上最好的机器人构建者竞赛对抗的时候，紧张出汗的感觉真过瘾

拳击比赛机器人代表者它们的构建者。尽管人和人之间拳脚相向是严格禁止的事情，但把机器人打残了在很多的赛事中都是重点
Sam Coniglio 摄影

理由 9：赢得一块奖牌。站在领奖台上，当一块奖牌挂到你的脖子上的时候，那种感觉真是世间少有

来自英格兰的 Nick Donaldson 获得另一块奖牌（这是机器人届的迈克尔·菲尔普斯）
Sam Coniglio 摄影

理由 10：近距离地看看、摸摸、闻闻和听听机器人格斗赛

2006 年的机器人格斗赛中的射击赛，吸引了众多的观众坐满了看台

做出决定了?

我们完全明白这些事实。至少有 3000 个理由要去参加 RoboGames。去参观的理由有一个，而对于每一位机器人构建者来说，至少有 730 个或更多的理由（每个人都有自己的理由）去参赛。为什么不想清楚怎么去参加或者如何更好地参加呢?

RoboGames 之旅

Bryce Woolley　Evan Woolley 撰稿　赵俐 译

格斗机器人在我们的心中占据特殊的位置。它不仅是我们打造竞争性机器人的初衷，也是业内先驱 Dan Danknick 创办机器人杂志的源动力。2001 年，我们打造了健壮的 27.22 千克的机器人 Troublemaker，2003 年参加 BotBash，在众多 BattleBots 卫冕冠军的重重夹击下突出重围，取得了第二名的佳绩。

实施 Ragebridge 2.0

我们依然会记得过去同爸爸一起在车库打造机器人的美好时光，伴随波士顿永不停歇的吉他旋律，我们钻孔、锚栓、切割，一切都那么天真无邪。BotBash 比赛结束后，FIRST 引发了我们的关注，接着是大学，后来又是法律学院，致使过去的 13 年 Troublemaker 一直在机器人中心沉睡。重量级对抗赛越来越少，我们开始怀疑 Troublemaker 是否会就此永久退出比赛舞台。

清理 Troublemaker 进行重建

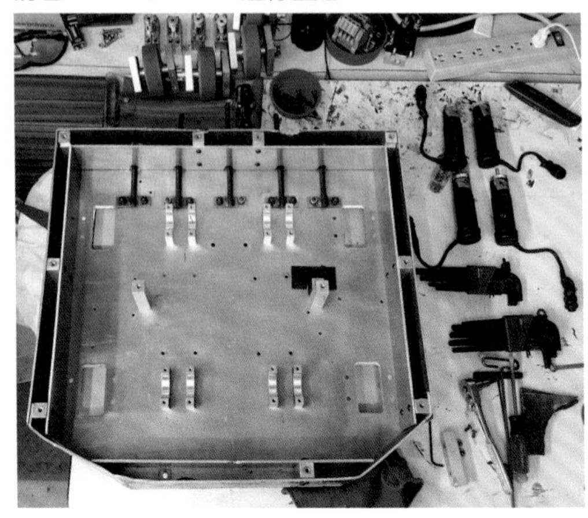

而后，我们听说了 RoboGames 一项回合对抗式机器人表演赛（最高重量级可达约 99.79 千克），还有很多其他赛事，从保龄球到消防再到调酒机器人不一而足，广泛涵盖各种项目。因此，我们开始对 Troublemaker 进行修整，希望 2016 年重返战场能够一举夺魁。

由于长时间未参加运动赛事，我们需要充分了解过去 10 年格斗机器人世界所发生的变化。所以，我们专心筹备“比赛”，潜心研究过去 10 年格斗机器人领域取得的一些最重要的技术进步。

如何解释新一代格斗机器人破坏能力的增强？历经 15 年沧桑，我们的这款旧式机器人还能否参加比赛？我们期待已久的回归究竟会像枪炮玫瑰一样平淡无奇，还是会像老鹰乐队一样锐不可当？只有一种方法可以检验。

动力篇

电池是一大主要技术进步，或许对机器人性能的影响也最为显著。我们此前详细介绍过 Troublemaker 的电池进化史。自 2001 年诞生开始，这款机器人经历了长期的发展，第一代机器人采用笨重的密封铅酸蓄电池，几乎与 Blue Öyster Cult 即兴吉他一样沉重。在 2014 年 2 月的文章中，我们曾介绍过如何历尽千辛万苦找到除草机使用的 24V 锂电池，用它来替换先前使用的镍镉电池。为准备参加 RoboGames，我们需要进一步升级。

重新布线后的内部结构

在测试阶段，除草机电池表现良好，但却并非对抗赛的理想之选。在格斗环境下，我们不太相信这种连接器能够始终保持紧密连接。我们需要连接器像滚石乐队和大胡子合唱团一样紧密团结，而不是像西蒙和加芬克尔或者 KISS 一样分崩离析。必定还有更好的方法。

的确如此。如今，人们可以在当地的专卖店找到优质的锂电池组。卓越的动力密度使它们成为轻型无人机的动力源。我们在网络上找到 Gens Ace 出品的一款 22.2V 锂电池组，看上去非常适合，但只有一点不满足需求：缺乏时尚感。红黑相间的巨大插入式香蕉连接器没有任何提示信息，只是连接器上有一个神秘的 Amass 标志。我们恐怕穷尽一生也找不到与之媲美的产品了。然而，我们依然不清楚究竟什么是 Amass 连接器。它就是一个谜，就像甲壳虫乐队抛弃 Pete Best 而启用 Ringo 一样神秘。

好在一切问题都已解决，因为我们找到了更好的替代品。我们为电池配备了 NewCastle 连接器，呈现明亮柔和的绿色，而且几乎不会断开 —— 这就是我们寻找的战斗连接器。

Troublemaker 地面控制

尽管经历了 13 年之久，我们也只需要做出一项升级，以确保 Troublemaker 符合 RoboGames 规则的要求，即无线电。开始比赛后，我们需要使用 Futaba 无线电进行通信，Futaba 无线电的工作频率为 75 MHz，但该频率已保留用于操控地面钢筋混凝土施工车。75 MHz 频率只有 30 个频道，而管理赛事频道十分繁琐，涉及因干扰问题而导致的大量匹配清理工作。

Troublemaker 准备完毕

而今，情况要好得多。技术进步已跃升至 2.4 GHz 扩频技术。无需过多赘述，新的无线电采用更宽的频谱和精密信号处理方法，从而避免干扰问题。新式无线电和接收器还采用捆绑模式，因此特定的接收器只能处理特定的无线信号。RoboGames 规则要求格斗类机器人使用 2.4 GHz 无线电和绑定设备，所以我们从旧式 Futaba 无线电过渡至新式 Spektrum Dx6i 6 频道无线电。

准备奔赴 RoboGames

然而，为 Troublemaker 重新布线不仅要将旧接收器更换为新接收器，因为我们还要对 Troublemaker 的内部电子零件做出另外一项酌情调整：升级调速器。

机器人的传动装置和武器电机设计总会赢得大部分的荣耀和赞美，类似于主唱或者即兴吉他的重复乐段。Troublemaker 的传动装置和武器电机非常出色。

自 2001 年以来，传动系统基本未变，机器人利用 4 个直接传动 Maxon 电机行驶，过去依靠印地赛车汽车引擎的蝶形阀运转。电机配备 14:1 变速箱，总运行里程高达大约 3218.69 千米（在应用于机器人格斗的情况下，运行里程会减少）。我们的武器传动电机是一辆旧车的风扇电机，但托举力极好，在测试中表现很出色。

赛场一览

调速器也很关键，但往往没有电机那样耀眼。有些时候，调速器也可能会吸引眼球，就像 Pink Floyd 的巨额“财富”。Troublemaker 重返战场为我们检验最新调速器（Equals Zero Designs 推出的 RageBridge 2.0）创造了一次绝佳的机会。RageBridge 2.0 支持自动限流，（理论上）可以防止调速器烧毁（除非电路板本身短路）。

准备战斗

鉴于人们否定了调速器部分，我们希望对 RageBridge 进行检验 —— 特别是，RageBridge 包含两个电机通道。正因如此，我们得以精简 Troublemaker 的内部电子元件，将两个 Victor 改为一个 RageBridge。

设置电流上限就像找到小螺丝刀一样容易，装置配备性能优良的散热片，我们将它装到与地板相对应的位置（并在中间涂抹了一层绝缘介质浆料）。

对于 RageBridge，我们也有一点不满，PWM 电缆头全部采用插针。我们的 AR610 接收器也采用 PWM 电缆插针，所以为了固定接收器与 RageBridge，我们需要采用 female-to-female 电缆。最终，我们通过 VEX 找到了连接器，但这还不是最大的问题：调速器上安装插针是一个糟糕的主意。

调速器需要传输电流。倘若插针之间进入任何异物，那么很可能导致短路。无论如何，我们将

RageBridge 深深插入机器人的中心，希望避免落入任何异物。

有了新电池、新接收器和新调速器，还必须进行一定的重新布线，这几乎要调整全部线路。由于电池更小，调速器占用的空间也更小，我们可以将零部件集中到机器人的中心位置，重量减轻（主要是电池重量减少）则使我们能够在 7075 铝铠甲层之间增加一层氯丁橡胶，从而改善减震性能。

战斗准备工作基本完成，除了一个经常被忽视的步骤……

LTFD

Dave Calkins（裁判员 Dave 是 BattleBots 的原创者，是一位不折不扣的机器人专家）是 RoboGames 的活动组织者。他总结了一个所有参赛选手面临的首要问题：LTFD。这项规则可以直译为“学习驾驶（Learn to drive）”。在竞技揭幕赛上，很多参赛选手第一次驾驶机器人，这样绝对无法获得成功。因此，我们在完成内部重新布线后，不断练习驾驶 Troublemaker。经过 13 年的等待之后，我们的驾驶技术略为生疏。我们驾驶机器人绕过障碍赛道。围绕煤渣砖结构前行。很多煤渣砖，包括 39.46 千克的煤渣砖堆。

经过充分的练习，我们认为克服了 Dave 指出的首要问题。2016 年 4 月初，我打包行囊开始上路，前往加利福尼亚州普莱森顿。我们打包了一大包工具、一大包零部件，还有一大包机器人。准备迎接机器人格斗。

为竞赛而生

好久没有参加过机器人格斗，起初会有些恐惧，害怕一切都变得不那么熟悉。但是，在阿拉米达县展览馆度过几天之后，看着万众瞩目的舞台和拥挤的赛场，我们渐渐回忆起机器人竞赛的独特感受。几天后，赛场的格局就像办公室、住所或学校一样熟悉。加工机械的气味开始蔓延，障碍部署到位。感觉一切都那么自然。

机器人随处可见

这就是我们参加 RoboGames 时的感受。每当看到其他团队提出的炫酷创意，我们都会不由自主地感到兴奋，熟悉的情谊油然而生。与十多年前参加 BotBash 时一样，看到人们专注地盯着自己的机器人提问，参赛团队别提有多兴奋了，尽管仍在紧锣密鼓地进行最

后的调试。

在 RoboGames 上亲身感受机器人比赛真的太令人振奋：巴西强队 Riobotz 的旋转鼓 Touro 战队、常年参赛的轻量级竞赛团队 K2 和 Federal M.T.，还有重量级巨星 Last Rites。作为轻量级比赛选手，我们渐渐淡忘了重量级机器人的庞大身躯和健壮体魄。即便是简单设计（如残酷高效的 Original Sin），也会令我们震撼不已。

星期四晚上，我们抵达 RoboGames。在志愿者的帮助下办理登记、找到我们的赛场，摆放桌子，铺好 BotBash 比赛用过的红色桌布。此行的首要任务是安全第一。Troublemaker 的重量接近 26.49 千克（包括最沉重的武器装备），我们尽职尽责地展示主控开关和无线电故障安全装置。全副武装，准备战斗。

第二天上午，整个场地更加忙碌，赛场周围聚集的团队更多了。其他一些竞赛选手走到我们的桌前，对我们的老式机器人提出很多类似的质疑。第一个问题似乎总会问：“它是中量级选手吗？”对于轻量机器人而言，Troublemaker 的块头确实比较大，但在早期，这种体形并不会显得特别突出。而现在，轻量级机器人的体形却大大缩小，为什么？答案证实了我们的理论：首先，相较于十年前，格斗机器人取得了重大技术进步，其变革速度不亚于雷蒙斯乐队在朋客摇滚领域所做的探索性尝试。正如我们所料，一切进步都源于电池。

只要参加比赛，必须通过强劲有力的电机驱动超级毁灭性武器，但电池电量却不足以驱动武器完成整场比赛。所以，如果武器采用的电机耗电量较低，那么破坏力势必不会很强。旋转鼓设计过去通常只会在约 13.61 千克一类的轻量级机器人中见到，如今却很普遍。这是因为性能更强劲的新型电池能够在整场比赛持续为旋转鼓的巨大电机提供动力。

鼓的性能十分强劲，很多自转器存在旋进性问题。另外，由于鼓的性能过于强劲，最好配备某种铠甲，避免被撕成碎片。我们发现，很多新款机器人的四周和框架部分厚达约 1.27 厘米。

逃脱 BIG PAPA 的掌控，拆掉 JAKEBOT 的轮子

为使机身达到这种厚度，整个机器人的体形势必会大大缩小。所以，在人们对 Troublemaker 的重量级提出质疑时，我们只能回答这是一款旧式的轻量级机器人。

其次，人们还时常对碳纤维送气装置（取自 Cosworth 印地赛车汽车引擎进气管）提出质疑。紧接着，人们还会问，“你刚刚说，这款机器人有多少年了？”好奇的旁观者甚至从未想过我们通常会最先问到的问题：“你们是同卵双胞胎吗？”

嘿，开始比赛！

机器人战斗终于打响。我们对竞赛的秩序性感到愕然，从竞赛选手的角度而言，一切似乎都在有条不紊地进行。很多位置放置了支架而且定期更换，基本按时进行比赛。在主场地同时举办 3 个重量级赛事的情况下，还能如此秩序井然实属不易，Ant 与 Beetleweights 在小场地开战，其余各场地则举办非战斗性活动。

战斗结束后， BIG PAPA 的鼓破烂不堪

我们第一轮对战 Agent Z，Agent Z 是新晋选手，使用的武器是低位安装的横向旋转刀。遗憾的是，由于赛前出现一些混乱局面，Agent Z 因安全问题而退赛，我们不战而胜。所以我们顺利晋级。

第二轮对战 Big Papa，Big Papa 是伊利诺伊大学团队选拔的一款新型机器人。在看台上等待比赛期间，我们有幸与 U of I 团队进行短暂的交流。这支学生团队（包括 Daniel Tisza、Ryan Shulski、Alex Cuti 和 Collin Valley）全部是机器人专家，在校期间组织了 13.61 千克机器人大赛。他们带来了两款 13.61 千克机器人参加轻量级机器人混战比赛，还在时间紧迫的情况下制造 Big Papa，这款机器人同样十分轻巧。

Big Papa 是一款极好的旋转鼓，也是我们最惧怕的一类设计。Troublemaker 能否经受住致命鼓的全面进攻？我们会不会很快被打倒，只能扼腕叹息没有部署自动复原机制呢？

我们的机器人开始运转，但由于装置较为沉重，速度不够快。我们击中了 Big Papa 的鼓头，Big Papa 撞弯了我们的前铬钼钢钉。然而，钢钉的抗冲击能力很棒，前端的重击似乎不会造成翻倒的风险。Big Papa 机动性能较好，期间几次靠近我们的身边，一度一击折断我们的一块侧板。我们几次未能击中 Big Papa 的鼓，甚至在有力打击对方机器人后侧时也险些翻倒。我们继续保持积极攻势，正面击打对方，希望 Big Papa 无法经受我们发起的 3 分钟的攻击。待到比赛结束时，双方的有效武器都无法正常运转，只有等待裁判员裁定胜负。尽管最终裁定 Troublemaker 失败，但我们坚持了整场比赛，没有被击倒，也没有遭到 KO。

下一场是真正的对决，对手是 Jakebot，在上一轮对阵赛后，我们发现自转器之所以停止运转，是因为控制武器电机的电磁线圈离开底座。我们将其重新归位，并涂抹硅胶固定，结果武器完好如初。Big Papa 就没有那么幸运了。

鼓主轴扭曲变形，比赛结束时传动系统破烂不堪。在下一场比赛亮相时，Big Papa 不得不退赛，因为这款机器人无法再继续运转了。在最后一场比赛中，鼓直接失灵，值得注意的是，Big Papa 反应速度缓慢，几乎立刻被击倒。

接下来对阵的是机器人 Punisher，但它们并未现身赛场，我们又一次因对方退赛而取胜。事实证明，在赛场中，保证机器人正常运转是取得战斗胜利的必要条件。在某些情况下，这甚至可以赢得整场比赛。

下一场……

下一场是真正的对决，对手是 Jakebot，在上一轮对阵 U of I 机器人组合时，Jakebot 的武器受损。我们用轻巧的钛制爪牙替换了 Troublemaker 的笨重装备。结果证实，增加链装置重量并不算是真正的升级。Jakebot 并未对我们的钛制爪牙表现出任何恐惧，并且持续发动攻击。两个机器人扭作一团，我们趁机用自转器击打 Jakebot 的一个轮子。鉴于只有一个轮子正常运转，Jakebot 被判定失败，但操控人 Kevin Harrigan 却刺激 Troublemaker 再次进攻 Jakebot，我们并未客气。我们的自转器拆掉了它的轮子。观众席一片欢呼。Troublemaker 获胜！

下一场比赛对阵 Touro Light。这是上一届轻量级比赛的冠军，有着令人闻风丧胆的旋转鼓。我们正面出击，但不再像对付 Big Papa 那样紧张（尽管 Touro 将本就断裂的侧板彻底撕去）。我们将 Touro 推至赛场边缘，旋转时的旋进性将机器人托起，我们顺势用自转器将它推到墙上。Touro 被判定失败。我们击败了上届冠军。

或者，只是我们一厢情愿。Touro 最终重获自由，比赛继续。它修整了 3 分钟，我们用自转器撕裂了 Touro 的鼓带。遗憾的是，裁判员并未支持我们获胜，Troublemaker 出局（但 Touro 的旋转鼓无法再继续参加剩余的比赛了）。

心灵平复

最终，Troublemaker 三胜两负。我们从未被击倒，也从未被有力的新型旋转鼓推翻。我们感到无比自豪。

在第三天的比赛中，我们幸运地遇见了 Dave Calkins，我们问他对于希望参赛的新选手有什么建议。Dave 建议从轻量级开始，立即行动。建议先从 1.36 千克级、500 克相扑级或 LEGO 级开始。同样，他建议立即开始制造。而且还睿智地指出，奥林匹克马拉松选手不会坐在沙发上连续看 3 年 Simpson 重播，而是每天不断练习奔跑。

在卸任活动策划人职务之前，Dave 还强调，正是因为专注的志愿者们投入大量时间和精力，以及他们对于机器人的热爱，RoboGames 才得以顺利开展。感谢广大志愿者！

随着 RoboGames 2016 的闭幕，我们希望充分吸取活动经验。格斗机器人装置 Fuzzy Mauldin（运用有趣而又有力的霓虹橘色武器 Polar Vortex 发动攻击）的评价十分坦然，从失败中汲取了很多教训。正因如此，目前的智能水准才会大幅提升。Kelly Smith（屡获殊荣的中量级机器人 Psychotron 的制造者）对制造者经历的总结最为到位，他经过长时间的沉寂刚刚重返赛场。与我们一样，Kelly 离开赛场已有约 13 年之久。他指出，重新回到赛场“就像骑自行车，但所有新自行车的性能都比我的自行车性能强劲得多。”

或许，Syntax Error 团队的格斗机器人的战斗力最有说服力——这支儿童团队意外夺得轻量级铜牌，他们那弹性十足而又坚固的楔形机器人意外战胜了强劲对手 El Niño（这款机器人战胜了上届冠军 K2）。Syntax Error 儿童组合认为参加 RoboGames 的经历“很有趣”。

RoboGames 真的非常精彩。壮观场面超乎想象。我们见证了几场锂电池大火，整个赛场的机器人被大火吞没，机器人大师 Ragin’ Scotsman 将对手扔到墙上。见证了 Last Rights 所带来的巨大破坏力，见证了孩子们与 LEGO 机器人带来的非格斗性级别赛事，也见证了人们眼中表现出的兴奋和好奇，这样 RoboGames 才能培养一代又一代新的工程师和创新者。

总之，我们认为 Dave 对本届比赛的总结或许最为准确：“最棒的一年”。

特别感谢 Dave Calkins 以及参与 RoboGames 的全体志愿者。

RoboGames 与街区聚会

Camp Peavy 撰稿　**赵俐 译**

我知道，这一天总会到来。只是时间早晚罢了……RoboGames、RoboMagellan 和 RAIN！机器人不一定要防水，但必须具备一定的耐渗水性！而我，选择在 2016 年 4 月 6 日（星期三）举办的硅谷机器人街区聚会（“国家机器人周”的一项活动）启动机器人大冒险。2016 年的机器人街区聚会（通常在加利福尼亚州帕洛阿尔托举办）于加利福尼亚州圣何塞捷普蓝天创新中心拉开序幕。盛传本次活动将展示 Pepper 机器人。果真如此！一定不能错过！就这样，街区聚会就此成行，我与机器人一起度过了难忘的周末。

机器人街区聚会更像是一场企业盛会（不乏爱好者参与），这一点与 RoboGames 不同，RoboGames 属于竞赛活动。自从汽车引擎报废之后，我一直与好友 John Carlini 和 John Erickson 结伴骑车奔赴各大活动。然而，两位 John 都无法参加本次街区聚会，因此我决定与 Uber 同行。这意味着需要带上几个正常的机器人模型。

我决定带上 BlueDog（RoboMagellan 机器人）、Rodney Jr（机器智能试验品）和 Melvin（NeatoPiROS）。早在出门之前，我已决定将 BlueDog 的电池充满电，以便支撑一整天的户外活动。当然，我很清楚，即便抵达目的地，倘若电池没电，也只能黯然离去。（正因如此，人们总是会带上多个机器人。一旦某个机器人发生故障，还有其他机器人可供展示。）

图 1　Pepper 机器人

开幕仪式十分简短，参加本次街区聚会的首要目标是与 Pepper 一起度过黄金时光。我毫不犹豫地起身前往日本软银的展位，与这款栩栩如生的人型机器人握手（如图 1 所示）。她（声音是女性）给我的第一印象是，这只不过是一款昂贵的玩具罢了。但是，很快又迫不及待地想将她分解开来，看看她究竟如何发声。除此之外，她的握力也很不错（能够捡起东西，但设计意图并非如此），据我所知，其未来几个版本将采用 IBM Watson AI 软件。因而，机器人的发展前景十分令人期待。

此外，Fetch Robotics 也带着他们研发的单臂机器人 Fetch 和运输平台 Freight 参加了本届硅谷机器人聚会。BistroBot 和 Baxter 等其他一些机器人同样十分惹人注目。大部分时间，我都是带着 Neato PiROS（这是一个 Neato Botvac，并在盒中安装了运行 ROS 的 Raspberry Pi）。这一天过得飞快，数百名机器人爱好者共同度过了难忘的时光。另外，还有很多不同的机器人挥舞手臂演绎某种精心排练的芭蕾舞，而且提供了 3D 打印机机架。

庆幸的是，RoboGames 直到星期五才会拉开序幕，因为我需要在星期四充分休息，扫去街区聚会的疲惫！星期四晚上，我的好伙伴，同为机器人爱好者的 Carlini 来接我，如图 2 所示，我们要去 Erickson 在海沃德的家中暂住，他的家距离本届 RoboGames 的会场不远。这时，天空开始淅淅沥沥地下起了雨！

图 2　Carlini

星期五，雨依然没有停。

我们用塑料布包住机器人，兴冲冲地奔赴盛会。2016 年，RoboGames 在加利福尼亚州普莱森顿阿拉米达县的展览会场举办。实际上，RoboGames 还在筹备之中，但星期五晚上会正式开始启动活动（TableTop Navigation），我需要为星期六举行的 RoboMagellan 竞赛策划路线。

RoboMagellan 是由西雅图机器人协会发起的一项竞赛，在比赛过程中，机器人必须抵达按已知 GPS 坐标设置的橙色路锥（目标锥）。同时，沿途还会设置奖励锥，选手可以选择“触碰”奖励锥。一旦成功，触碰到奖励锥，会用总时间乘以奖励锥的系数作为比赛结果，例如时间乘以 0.5，或乘以 0.25 或乘以 0.1。不过，机器人必须触碰目标锥才能获得计时分数。否则，按照到目标锥的距离计算分数。

尽管雨一直在下，我还是策划了 RoboMagellan 路线，并圈入了三个奖励锥，其中一个掩藏在草丛中，可以将时间乘以 0.1（相当减掉 90% 的时间，伙计们！）

TableTop Navigation 竞赛由 HomeBrew Robotics Club 创办。在这项赛事中，机器人需要将块状物放入鞋盒之中。比赛不计时，对机器人、桌子、块状物（大小、形状、颜色等）也没有要求。事实上，如果愿意，大家也可以带着自己的桌子、块状物和盒子参加比赛。纯粹为了展示而已！

星期五晚上，在 TableTop Navigation 活动中，五位选手的表演十分顺利：其中，3 位来自印度尼西亚、一位代表德国，还有一位是出色的老年美国选手（也就是我，如图 3 所示）。3 位印度尼西亚选手技能高超，本次比赛表现完美，机器人出色完成了 TableBot Challenge 各阶段的挑战。在首轮比赛中，机器人需要从桌子的一端抵达另一端；在第二轮中，机器人将块状物推下桌面；在最后一轮中，机器人将块状物放入装在桌子另一端的鞋盒中。

图 3　TableTop Navigation 活动的五位选手

刚刚说过，本项赛事不计时。裁判员可以随意做出奖励评分，例如他们喜欢您的机器人外形，或者喜欢您的抓器，这一点已有先例。Capit-V16（印度尼西亚）之所以赢得金牌，纯粹是因为裁判员十分喜欢机器人的抓器。当然，机器人的表演也很出色。另一个印度尼西亚作品 Capit2-V16 获得银牌，Marco Walther 则凭借自己的作品 Dexter 摘得铜牌。而我的机器人 Buggy1 尽管将块状物投入鞋盒，却与奖牌无缘。我想我需要配备一个更精美的抓手。

经过漫长的雨夜，很快到了星期六的上午。会场 12 点开放，RoboMagellan 比赛则下午 2 点开始。在 RoboMagellan 开始之前，还有一些时间可以演练，所以我打算绘制 Neato PiROS 路线图自娱自乐，自发地从建筑的一角导航至门口（是的，我喜欢找点乐子）。同时，启动其他机器人（Rocky、Homer、Skully、BlueDog and Caw、CrowBot）作为观众开始列队行进（如图 4 所示）。Springy-Thingy 来不及参加 2016 年的赛事了，希望她可以快些复原。

当时，指针指向下午 1:30，所以我取出 RoboMagellan 地图，按指示前往会场。鉴于还在下雨，需要想方设法用塑料袋和雨伞进行保护（如图 5 所示）。尽管入围了 15 个机器人，但最终只有 8 个出现在开始锥位置。因为下雨，我们休息了一会儿。想来机器人战神也会感到欣慰吧。

图 4　机器人列队

图 5　给机器人打伞

每个机器人有 3 次尝试机会。遗憾的是，这次没有一个机器人抵达目标锥，但 Nathan Lewis 带来的 Kybernetes（如图 6 所示）距目标锥仅有 38.1 厘米，最终夺得金牌，而 Walther（曾在 TableTop Navigation 获得铜牌）夺得 RoboMagellan 银牌。他的机器人 Entdecker 曾试图在前两轮通过比例较高的减时锥（3 号）（如图 7 所示）。他两度努力触碰这个锥，但无奈均止步于此。请记住，如果无法抵达目标锥，那么将按到达目标的距离计算分数；而此刻，距离是 约 71.3 米。

图 6　Kybernetes

图 7　Entdecker

在第三轮中，Entdecker 直接抵达目标锥。开创了新的纪元！ Walther 的机器人在抵达目标锥附近时，响起了英国警笛声（Nee-nah! Nee-nah!）。接着，就在冲向目标锥之前，突然转向左侧，垫起了两个轮子。几厘米之差，与目标锥失之交臂，撞上了旁边一座距离目标仅 0.9 米的建筑（如图 8 所示）。成绩很棒，最终夺得银牌！ 而来自巴西的 ThunderWaze（如图 9 所示）则在距离目标锥 11 米的位置结束比赛，如愿获得铜牌。

图 8　Entdecker 遗憾落败

图 9　ThunderWaze

RoboGames 期间还展示了另外一些非格斗机器人，包括 Tetsuji Katsuda 的 MIDI 同步音乐机器人，如图 10 所示。一个机器人弹奏木琴，一个机器人击鼓（Chibisan-Kkun），还有一个机器人摇铃鼓。不仅外形可爱，而且声音也很棒！ Chibisan-Kkun 夺得音乐艺术机器人金牌。

巴西艺术家 Marcio Nehrebecki 也带来了一款非同凡响的机器人。这是一款木制的老年机器人，叫做 Grandpa，如图 11 所示。另外还有一些古怪的机器人，如图 12 所示，如篮球机器人、足球机器人、功夫机器人以及一些普通的机器人艺术品，如图 13 所示。星期六的活动结束后，我们都疲惫不堪，但还有一天活动。

图 10　Tetsuji Katsuda 和他的 同步音乐机器人

图 12　古怪的机器人

图 11　Grandpa 机器人

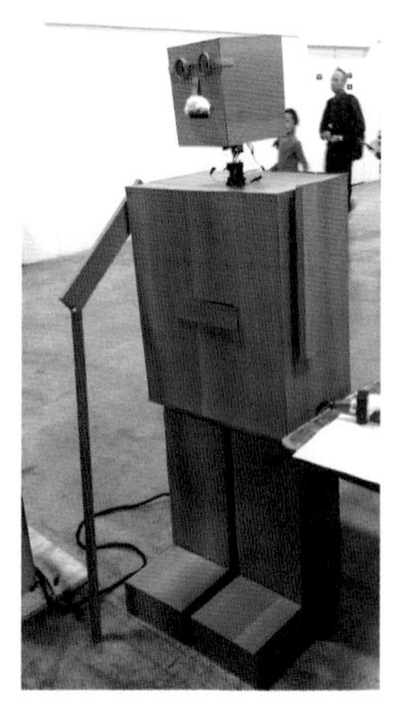

图 13　机器人工艺品

星期日，我只有一项活动要评判：Walker Challenge。这是 Nick Donaldson 活动；大家想必知道，就是肩膀上蹲着一只猴子的那个家伙。Nick 忙于筹备 BattleBots，希望一举夺魁。Walker Challenge 要求四腿或六腿机器人（六脚）通过一米长的废墟。

在堆好废墟后，会给选手一次机会进行练习，然后再开始比赛。共有四个机器人入围，但仅有 3 个参展：其中两个团队来自法国，另外一个团队来自埃及。铜牌得主 Crabot 甚至连起点线也没能跨过。

SpiderBot（同样来自法国）最终获得第二名，夺得银牌，在废墟中前进了 1.24 米。最后，埃及选手夺魁（金牌），在废墟中穿行了 1.67 米，如图 14 所示。

图 14　埃及参赛团队

据参加消防竞赛（机器人需要穿过模型室，熄灭“火种”，其实就是蜡烛）的 Bob Allen 称，全球共有 24 支团队参加角逐，包括中国、尼泊尔、印度尼西亚和美国队。一如既往，比赛过程十分精彩，仅有三支团队在全部三轮熄灭蜡烛，还有一些团队在前两轮熄灭蜡烛。同样，还是印度尼西亚机器人 DU114-RETURN 夺冠；尼泊尔机器人 DAMKAL 获得银牌；印度尼西亚机器人 DU114V16 获得铜牌。三个机器人的总用时全部在 60 秒或以下。

Lem Fugitt（Robot Dreams 的著名记者）刚刚离世，人们对他的逝去表达了哀悼之情。他的精神与我们同在，如图 15 所示。

图 15　哀悼 Lem Fugitt

我决定前往格斗性机器人展区探望好友 Fuzzy（如图 16 所示）。尽管在这里逗留三日，但却并未真正观看过任何机器人格斗（机器人格斗是主赛）。展区人头攒动，异常喧嚣！待到硝烟（不折不扣）散去，RoboGames 重量级（99.8 千克）冠军随之诞生：

Original Sin（美国；金牌）；Prometheus（美国；银牌）；Touro Maximus（巴西；铜牌）。

Fuzzy（Toad 团队）和他的好友 Tony 允许我分享一些绝佳照片（图 16 ~ 图 20）。感谢 Die Hard/Craftman 赞助本次活动，感谢 Dave Calkins 不忘初心。

展望未来，机器人发展史中必将出现更多“优秀”作品，让人们对悠久的“全球最盛大的机器人竞赛”RoboGames 难以忘怀。

图 16 参赛

图 17 比赛 1

图 18 比赛 2

图 19 比赛 3

图 20 观赛

NASA 举办第六届机器人采矿大赛

Holden Berry 撰稿　赵俐 译

全美团队纷纷赶赴赛场，角逐奖金、奖项并汲取宝贵经验。

我住在美国佛罗里达州，确切地说是卡纳维拉尔角地区，作为 NASA 的常客，即使闭上眼睛，也可以轻松找到火箭园。佛罗里达气候酷热，厚重闷热的湿气对我来说毫不稀奇。但是，上一次前往 NASA 中心却别有一番滋味。并不是因为增设了新的车辆或者餐馆，也不是因为遇见前任宇航员，而是一项活动——第六届 NASA 年度及机器人采矿大赛。

那么，这究竟是一场什么样的竞赛？比赛项目是什么？ 6 年前，NASA 举办了首届机器人采矿大赛；全美国共有 20 余支团队参与角逐。NASA 全面启动新项目，帮助解决未来面临的一个实际问题，即太空原材料开采。

此时此刻，绝大部分人或许已经意识到，太空旅行的长远目标是太空定居。边界不再局限于地球，而是远在数百万千米以外。不过，太空定居无疑还面临很多问题。资源采集就是其中之一，人们需要资源，这样才能自我发展并长期繁衍生息。显而易见，太空运输太不切实际，至少目前我们还达不到——所以星球采矿变得顺理成章。

NASA 决定放弃投入自身研究人员和工程师，而是将机会留给全美高校学生，从大多数州选拔代表开展竞赛。参赛团队需打造机器人（要么通过 NASA 移动控制中心无线控制，要么通过自主编程控制），确保它们能够采挖原材料。

采矿是竞赛的主要环节。这项设计较为困难，不仅要指挥机器人进入场地，还要铲挖泥土。开采原料埋藏在月球泥土之下（BP-1）。BP-1 是一种十分精细的粉状物。在前几届竞赛中，机器人的轮子总是会陷入泥中，艰难采集这些微细原料。第一届竞赛仅有一支团队达到最低要求，采集了 10 千克 BP-1，团队分两次采挖完成。

然而，这项竞赛不止要完成采矿，NASA 希望尽量模拟真实的工程作业场景。在竞赛过程中，需要提供系统工程文件，详细说明团队的创作过程：从头脑风暴到实用工程方案逐一阐明。对于工程队的工程师而言，这项任务再普遍不过，所以 NASA 认为这些年轻团队需要感受一下这个过程。除此之外，参与者必须实施外展计划（面向公众，或许是在图书馆或当地学校的科学博览会上，进行展示或演示），而后必须根据这次经历编写一份报告。

NASA 之所以提出这项要求，是希望宣传 STEM（科学、技术、工程和数学）教育对于社会的实际重要意义。同时，这项竞赛还增设团队精神奖，还可以选择进行幻灯片演示。裁判员会酌情对位列

各类别前三名的队伍做出一定的分数奖励，得分最高的团队将最终夺冠。每个类别的获奖者都会获得奖品。倘若团队在团队精神、系统工程论文或社区外展计划类别获胜，将赢得 500 美元的团队奖学金。采矿竞赛获奖者将赢得 3 000 美元奖学金，而终极大奖（Joe Kosmo 卓越奖）得主则会赢得 5 000 美元奖学金，外加奖品和 NASA 火箭发射通行证。

本项竞赛的最大意义是推动持续创新。创新是 NASA 发起活动的终极目标。NASA 希望通过这两种方式达成目标。我有幸与 Rich Johanboeke（NASA 项目经理之一，负责帮助组织整场竞赛）就持续推动创新课题交流心得。在 Johanboeke 看来，理论上，采矿竞赛的目标非常简单："机器人必须能够穿过废墟，在宇宙地带完成采矿作业，继而获得我们所需的原材料。" 实际上，除了特种大小和重量限制以外，这是所有机器人都必须具备的共同特征。

"大家将会见证两种截然不同的采矿方法，但最终目的完全相同。必须确定实际情况，找出这种方式面临的障碍。" 那么，如何推动创新？ "不存在完全相同的两款机器人，这是最重要的一点。每年参加竞赛的老手们会汲取前几年发现的新创意。"

这一点很重要，因为一些团队已连续 6 年参加竞赛。首届竞赛不存在真正意义上的获胜团队，因为如前之所述，只有一支团队能够采集规定的 10 千克原材料。但是，第二年却有 10 多支团队完成采矿环节竞赛。他们发现了其他团队的设计优势，并且能够利用某些设计优势，将自身的机器人打造得更加成功。

犹他大学机器人首轮挖掘 BP-1

但是，有时也可以反其道而行之，从不同的角度推动创新。"这是我们学校第六次参加竞赛，但我们却选择从零开始设计，所以我们的团队其实更像是第一年参加比赛，" 一名约翰布朗大学学生对我说。"去年，我们来到这里，所有机器人看上去极为相似。我们想创造一款不同的机器人。" 不同是保守的说法。

他们采用了"蜂群"理念，即根据蚂蚁及其他昆虫的行为特点进行建模。蚂蚁的行为模式是四处寻找，然后报告，"我在这里找到了食物，我在这里找到了水源。" 接着，下一只蚂蚁爬过来表示，"我嗅到你发出的信号。" 蜂群的行为模式也是如此。它们会留下少量电子路径标记。

从根本上而言，主机器人装有转轮，上方还带有铲斗。两个小机器人可以与主机器人相连及分离，作为自卸式载重汽车，持续内外旋转采集 BP-1 并将其装入收集箱。"我们从农民收获粮食的过程获得启发。我们可以随心所欲地降低机器人高度，从而适应地表高度。"

很多团队会彼此借鉴，继而互相改进设计，但约翰布朗大学 Eaglenaut 机器人俱乐部并非如此，他们采取的方法刚好相反。他们厌倦了所有这些外观相似的机器人，决定独树一帜，因而采取了这种模式。遗憾的是，Eaglenaut 的设计还不够成熟，最终未能在竞赛中胜出，但却在系统设计论文和幻灯片演示类别获得第三名。他们的创意很棒，荣获了本届竞赛的创新奖，为学校赢得了荣誉。

普渡大学和阿拉巴马大学在指挥中心进行练习赛

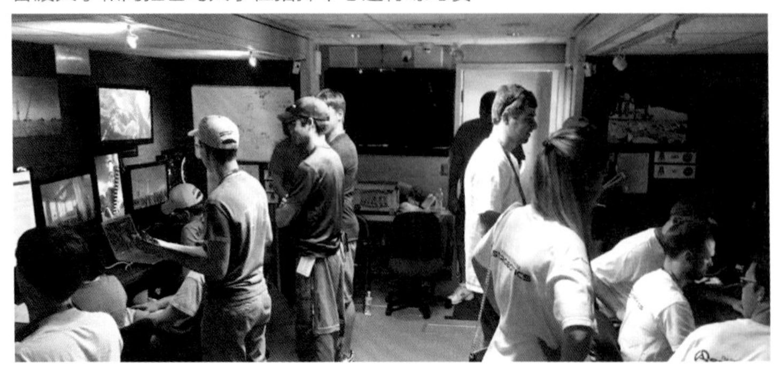

NASA 火箭园附近搭建的活动帐篷

在本届竞赛中，广大团队表现如何呢？去年，West Virginia Mountaineer 团队获得了 Joe Kosmo 大奖，在现场采矿挑战和外展项目报告两个类别均独占鳌头。但 2016 年，他们却未能捍卫自己的王者地位。相反，阿拉巴马大学却联合谢尔顿续写了传奇，2012 年二者曾联手获得过 Joe Kosmo 卓越奖。阿拉巴马大学在采矿和幻灯片演示类别荣膺榜首，同时还在外展计划和系统工程论文类别获得第二名。除荣获 Joe Kosmo 卓越奖以外，阿拉巴马大学与谢尔顿联合团队还曾获得过自主创新奖和通信电源有效利用奖。

阿拉巴马大学一直是本项赛事的王者战队，每年都会参加竞赛。过去三年一直名列前茅，分别取得第三、第二和第一名（2012 年）的好成绩。他们不只可以利用前 6 年工作的经验，而且是利用 6 年极为成功的工作成果。他们可以采用之前的所有获奖设计、机械和电气知识及整体竞赛知识，使一切臻于完善。而约翰布朗大学团队并没有什么优势。所有设计都是全新的，必须从头开始执行编程。

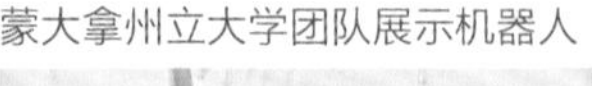

蒙大拿州立大学团队展示机器人

阿拉巴马大学还利用这 6 年时间争取到经费并打造了团队，其他团队却没有这样幸运。他们准备了一个装满砌体砂的仿真矿井，砂体粒度比竞赛场地使用的 BP-1 还要精细。很多团队并不具备如此优越的条件。有些团队使用沙滩排球场；有些在前往佛罗里达参赛之前，甚至没有经过良好的实地训练，只是在海滨酒店的沙滩对机器人进行了简单测试。在本项赛事中，有一点可以肯定的是，经验很有帮助，阿拉巴马大学与谢尔顿联合团队率先验证了这一点。

约翰布朗大学的采矿比赛场景

大奖得主阿拉巴马大学机器人

鉴于此，第六届 NASA 机器人采矿大赛稳操胜券，团队由各自的大学作为有力后盾，很多学生对我说，他们回去之后会尽量对机器人进行改进。与其他对赛事知之甚少的参赛团队一样，我对面前的一切感到震撼而又不知所措。学生们在校期间所创造的一切，我简直无法想象。

但有一点可以肯定，尽管只有部分团队赢得奖品和奖项，但参与本次活动的每一个人都受益匪浅。正如 Johanboeke 所说，“人人都是赢家。学生获得了实际工程体验，而我们则收获了设计和创新理念。这不仅对 NASA 有利、对美国有利，对我们全人类都很有益。”

跟 Mr. Roboto 动手做

使用电动机控制器还是驱动器

Dennis Clark 撰文　符鹏飞 译

这次，我带给你们的第一个大新闻是，Rutgers 和 Digilent 的伙计们正在忙着推进 MPIDE 编译器的相关工作，他们希望能把 Arduino 编译器的语法从旧的 0023 版本提升到较新的 1.0。根据我在社区中打探到的消息，这项工作已经于 2016 年 9 月初完成了。这次升级会给 chipKIT 平台带来最新的 API 接口，所以如果你熟悉并乐于使用 Arduino 集成开发环境（IDE，Integrated Development Environment）的话，你完全可以迁移到更快的 chipKIT 系列板上进行 Arduino 开发了（就我个人来说，我发现 Arduino IDE 过于老旧笨重，我希望新的 IDE 版本能拥有一些令人耳目一新的东西）。

我一向使用 UECIDE 进行 Arduino 和 chipKIT 的开发。现在，如果我们能让 Majenko 采用新的编译器语法，那可真是嵌入式开发的天堂了！如果想要新的 MPIDE，可以前往 www.chipkit.net 获取。

问：如果要控制机器人电动机的速度，使用微处理器直接通过 H 桥会更好吗？还是我需要使用一个专用的速度控制器？

Bill Thomas

答：唔……这取决于你想要实现的目标。如果成本是你的主要考虑因素或者你的成品体积非常有限（例如那种小型的蚁级格斗机器），那么一个单独的控制器可能并非最好的选择，因为单独的电动机控制器将比简单的电动机驱动器需要占用更多的空间。

例如，我的一个真正的小型机器人使用了 754410 16-pin 1A 电动机驱动器。如果我需要超过 1A 的启动电流时，我就会再加一个。它们工作得很棒，占用的空间也非常小。不过，对于典型的电动机的方向和速度控制而言，它们需要四根线用于方向控制以及两根以上的线用于 PWM。

754410 的价格也很便宜。要用它控制两个电动机的话，我需要编程确定采用何种方式设置方向线以及在 PWM 寄存器中存储什么数字来设置所需的速度。为了不浪费处理时间，我会保留最近的已知设置，只有在新请求的速度和方向与最后发送的参数不同时，才会进行更改。

最后两点是这种方法的主要缺点，因为你的机器人在进行高级别的思维以及底层的电动机控制时都使用了同一个微处理器控制，你实际上是从高级别的处理进程中窃取处理周期来运行“咕哝”级别的东西（如电动机）。除此之外，你还需要大量的 I/O 引脚来控制马达，具体到本例，所需的引脚数量是六。

在某些情况下（如树莓派），你可能并不需要使用这么多 I/O 引脚。人们都说，“一图胜千言”，因此我将在图 1 中用简单的电动机驱动器原理图来举例说明。

图 1 简单的电动机驱动器原理图

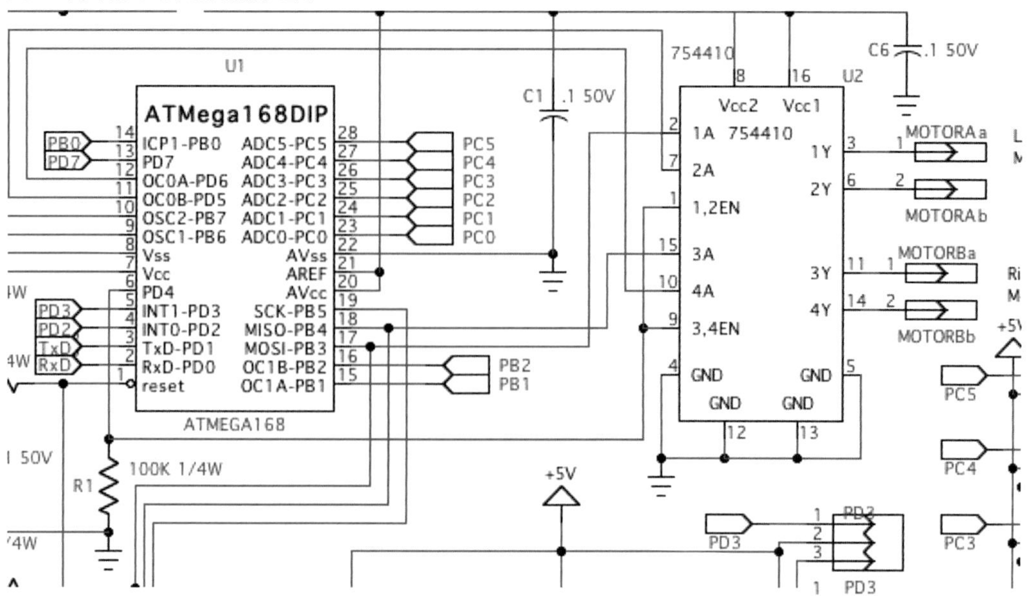

在图 1 中，我将所有的电动机驱动器的同一个控制线连接到一根线上，通过这种方式减少了两个 I/O 引脚。我还使用了同一个 I/O 引脚来设置方向和 PWM，这种方式可以工作，不过需要创建一套复杂的 PWM/ 方向设置方式，要求能根据转动方向来相应改变 PWM 的“内容”。不算很有趣，不过这么做确实能节省几根 I/O 引脚。

现在，如果你决定解放你的主控制器，并使用一个全功能的电动机控制器来取代电动机驱动器的话，让我们来看看你将需要哪些东西：你需要使用一块电动机控制器主板，所有你需要的 I/O 引脚都用来作为通信通道。对于异步串行或者 I^2C 连接来说，这可能只是简单的两根线；而对于双向 SPI 总线来说，可能最多需要用到三根线。

一般来说，串行端口是最容易配置和使用的。而 I^2C 是最为复杂的，因为你可能需要使用库来处理时序。

如果你对速度有要求，那么 SPI 是这几个通信方式中最快的，而且也不是太难配置。一个基本的板外速度控制器只能设置电动机的速度和方向，而更为复杂（昂贵）的电动机控制器可以通过简单的命令来设置速度和方向，控制器将自动计算出转向时每个电动机的转速和方向值。有些电动机控制器甚至允许来自车轮编码器的动态反馈，以确保电动机获得你所需要的速度。

大多数（如果不是全部）板外电动机控制器都会监测电流和温度，并会为了避免设备的过热损坏而关闭驱动器，当这种情况发生时，控制器也可能会通知主控制器目前主板的状态。一个好的电动机控制器会允许用户通过电脑或安装在主机器人控制器上的设置程序对其进行配置，高级的电动机控制器还会检测你的电池组，以避免电池过放或放电电流过大。这一点对于锂电池尤为重要，因为如果锂电池电量太低的话，可能会导致其无法使用。

使用板外电动机控制器的最大好处是可以为控制器提供稳定的电源，这意味着你只需要一个电池就行了，而无需两个电池（一个用于电动机，一个用于控制器）。无线电控制（RC，Radio Control）业余爱好者已经在他们的 RC 电动机控制器中使用了这个功能，实际上，我现在正在更换我的一个格斗机器人（是的，这是个自主机器人，而不是 RC 型的）的大脑，并将其移到一个板外全电动机控制器上。

我选择的是 Pololu TReX Jr 控制器（价格为 60 美元），因为它可以处理两个双向电动机（它也可以处理单个单向电机）。TReX Jr 还具有其他有用的功能，例如：5V-24V 的电源输入范围；串行命令连接；电流限制；以及在紧急情况下切换到 RC 控制的能力等等。它的体积也很小 —— 一边只有约 6 厘米。我会在今后的文章中向你展示它是如何工作的，如图 2 所示。

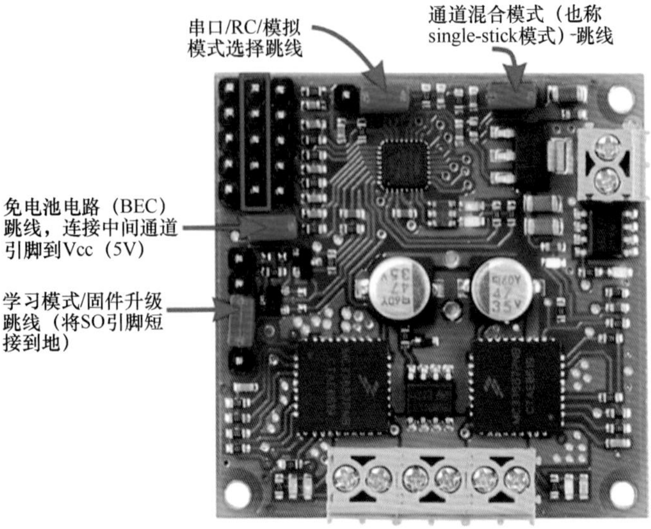

图 2　Pololu TReX Jr 控制器

串口/RC/模拟模式选择跳线

通道混合模式（也称 single-stick模式）-跳线

免电池电路（BEC）跳线，连接中间通道引脚到Vcc（5V）

学习模式/固件升级跳线（将SO引脚短接到地）

好了，这次就到这里了。我希望你能受到启发，走出房间去做点新东西，为自己找点乐趣！

TReX Jr 电动机控制器

之前我曾经说过使用复杂的电动机控制器要比用机器人的主要大脑来处理底层工作（如 PWM 及电动机方向）会更有效率。好吧，我必须承认我通常干活的方式与我建议的相反，我一般是从主机器人控制器来处理速度和方向这类工作的。

在这篇文章中，我选择了一个电动机控制器并向大家展示用它工作是如何的简单。我选择的是 Pololu（www.pololu.com） TReX Jr 电动机控制器，如图 1 所示，之所以选择这个控制器，是因为它能够在每个通道以 2.5 安培电流使用我的 16V 锂电池组，这样我就无

图 1　Pololu TReX Jr 电动机控制器

需在这方面花费大量的钱了。TReX Jr 的价格约为 60 美元，它可以使用逻辑电平序列（来自机器人主控制器）、RS-232、RC 脉冲控制，甚至模拟设置来控制最多 3 个电动机。我们不需要深入了解具体的细节，该控制器已经包含了许多有用的命令和功能，包括电流限制和图形加速曲线等。尽管包含了以上所有的功能，它的大小却没有超过 5 平方厘米。

Pololu 的网站上有一个名为 TReX Configurator 的配置程序（遗憾的是，它只能在 Windows 操作系统上可用），该程序可以用于处理对控制器进行调整，允许使用一个简单的程序来实际控制电动机，如图 2 所示。此外，你也可以使用图形电动机控制页面，如图 3 所示，测试电动机。

图 2　TReX Configurator 配置程序的参数配置页面

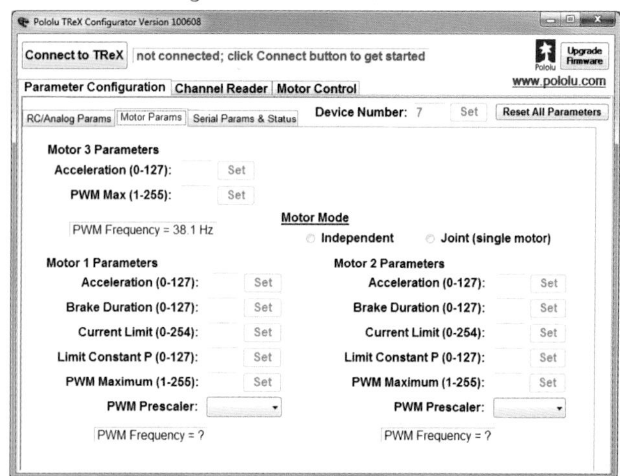

图 3　TReX Configurator 配置程序的图形配置页面

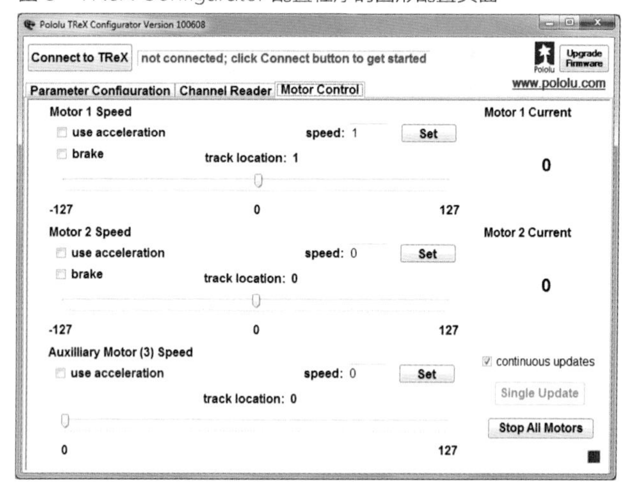

配置 TReX Jr 到 PC

我觉得没有必要深入研究调整加速曲线或设置电流限制，以及任何其他 Configurator 程序可以做的奇怪的事情，就保留它们当前的设置好了。我的确使用了马达控制器页面帮我找了一下 Critter 的正向和反向的接线，尽管如此，程序本身就足以帮我节省编程的时间了。

不过，我从配置界面上知道了速度设置的范围是 0 ~ 127。我仿佛听到了你的疑问“什么？只有 0 ~ 127？这可不够啊！”不，这个范围已经足够了，我们并不是在为平衡机器人或倒立摆做什么 PID 算法，这只是一个“格斗”机器人，你只需要几个速度（停止、慢速、快速）而已，所以 128 个值就足够覆盖这个速度范围了。要通过串行控制配置 TReX Jr，请取下串行通信引脚上的“learning mode/firmware-upgrade”跳线和“mode-select”跳线，并保持其他所有跳线不动。

要使用计算机和 TReX Jr 进行交互，你需要连接一根 RS-232 串口线到主板上。TReX Jr 的所有引脚都标记在主板的底部，你需要在其中寻找标记为 COM Tx、Rx，以及 G 的 5 针单排引脚，并将它们和 RS-232 DB9 COM 端口一一连接：将 Tx 连接到引脚 2 上，将 Rx 连接到引脚 3 上，并将 G 连接到引脚 5 上。连接的时候注意一下在 TReX Configurator 程序中使用的是哪个端口，并使用 PC 的这个端口和主板相连。以上就是和 PC 连接的所有内容了。

将 TReX Jr 连接到机器人控制器

至于 Critter 的新大脑“银影侠（Silver Surfer）”，我选择的是 Digilent chipKIT MAX32 控制器。这是一个相对来说功耗较低（意味着电流较小）的机器人大脑，拥有丰富的 I/O 接口，运行的是一个主频为 80MHz 的 32 位处理器，可以为格斗类任务提供大容量的编程和 RAM 空间。MAX32 内置了一个类 Arduino 的 bootloader，可以让我使用 MPIDE 或 UECIDE 编译 Arduino 程序（请参阅我之前有关这些编译 IDE 的文章或 Google 相关内容）。chipKIT 的主板都是 3.3V 供电，不过 I/O 引脚是 5V 兼容的。此外，TReX Jr 在 3.3V 逻辑电平下可以工作得很好，不过 Pololu 警告说，这么做留下的噪声容限不会太多，因为 TReX Jr 会将任何高于 3V 的电压都视为逻辑“1”。

我没有遇到这种设置方面的问题。MAX32 通过 USB 连接器将 Arduino 的串行对象数据传递给 MPIDE 或 UECIDE 的串行端口，可以轻松地调试故障；此外，它还有两个逻辑级别的串行端口可用于和 TreX Jr 或其他串行设备通信。

TReX Jr 具有两种通信协议：允许单字节命令的“紧凑型”协议和“Pololu”协议，后者允许通过给每块主板分配一个唯一地址来链式连接串行端口上的多个设备。由于 TReX Jr 是我的串行端口上的唯一设备，所以我选择的是紧凑型协议。要将 MAX32 的 UART2 串行线连接到 TReX Jr 上，请按如下方式连接：

MAX32 UART2	TReX Jr 引脚
Tx2（Arduino 16 引脚）	TTL SI 引脚
Rx2（Arduino 17 引脚）	TTL SO 引脚
GND	G

TReX Jr 可以自动检测的波特率高达 19200 bit/s，我选择的是全速。如果我运行时遇到诸如电动机噪声或其他方面的问题，我会逐步降低波特率，直至问题消失。

TReX Jr 控制两个用于正转和反转的电动机以及第三个单向电动机，前面两个电动机可以用于机器人的车轮，第三个我打算将其用作一些动能类格斗武器的电动机。这两个电动机和电动机电池都接到主板的六位接线端子上，电池接在中心的两个位置。

TReX Jr 的机器人控制

控制 TReX Jr 只需要几个基本的命令即可，表 1 给出了这些命令的代码，我还不知道两种类型的“Brake Low”的区别。所有这些命令都需要一个单字节的数据来设置速度 / 功率，Brake Low 命令使用功率设置来决定其“踩刹车”的力度，如果将前向或反向的速度设置为 0，则可以让电动机惯性制动。

表 1

命令	作用
0xC0/0xC8	设置 Motor1/Motor2 刹车（Brake Low）
0xC1/0xC9	设置 Motor1/Motor2 反转
0xC2/0xCA	设置 Motor1/Motor2 正转
0xC3/0xCB	设置 Motor1/Motor2 刹车（Brake Low）
0xC4/0xCC	Motor1/Motor2 加速刹车（Accelerate Brake Low）
0xC5/0xCD	Motor1/Motor2 加速反转
0xC6/0xCE	Motor1/Motor2 加速正转
0xC7/0xCF	Motor1/Motor2 加速刹车（Accelerate Brake Low）

使用 Brake 命令可以提供可变制动率。Accelerate 命令将使用 TReX Configurator 程序（程序清单 1）提供的设置来逐渐改变电动机速度，这种 Accelerate 动作提供了更为平稳及更少波动的速度变更。当你更改电动机方向时，这些命令更为有用。

程序清单 1

```
// Critter brain transplant 2015

// TReX Jr. motor commands
#define SET_LEFT_REV 0xC1
#define SET_LEFT_FWD 0xC2
#define SET_LEFT_BRK 0xC3
#define SET_RGHT_REV 0xC9
#define SET_RGHT_FWD 0xCA
#define SET_RGHT_BRK 0xCB

#define ACC_LEFT_REV 0xC5
#define ACC_LEFT_FWD 0xC6
#define ACC_LEFT_BRK 0xC7
#define ACC_RGHT_REV 0xCD
#define ACC_RGHT_FWD 0xCE
#define ACC_RGHT_BRK 0xCF

void setup() {
  // initialize both serial ports:
  Serial.begin(9600);

  InitMotors();
  Serial.println( "send go" );
  SetMotors(25,-25);
  delay(3000);
  Serial.println( "send stop" );
  StopMotors(127);
}

void loop() {
```

```
/*
 * Put some cool stuff here for my combat robot to do!
 * I' ll fill this in later.
 */
}

void InitMotors(void)
{
       Serial2.begin(19200);
}

void SetMotors(int8_t left, int8_t right)
/*
 * Send motor control commands out.
 * Positive goes forward, negative reverse.
 * zero stops. Range is +/- 127
 */
 {
       uint8_t goLeft, goRight;

       if (left < 0) {
              goLeft = (uint8_t)abs(left);
              Serial2.write(SET_LEFT_REV);Serial2.write(goLeft);
       }
       else {
              goLeft = (uint8_t)left;
              Serial2.write(SET_LEFT_FWD);Serial2.write(goLeft);
       }

       if (right < 0) {
              goRight = (uint8_t)abs(right);
              Serial2.write(SET_RGHT_REV);Serial2.write(goRight);
       }
       else {
              goRight = (uint8_t)right;
              Serial2.write(SET_RGHT_FWD);Serial2.write(goRight);
       }
}

void StopMotors(uint8_t brakes) {
      Serial2.write(SET_LEFT_BRK);Serial2.write(brakes);
      Serial2.write(SET_RGHT_BRK);Serial2.write(brakes);
}
```

程序清单 1 中的程序显示了使用这些命令来控制电动机是如何的简单，它也说明了我喜欢使用 Arduino 环境来快速开发机器人的原因：所有的 I/O 对象都如此简单易用。

我还没有尝试过 Accelerate 命令，它们看起来相当有趣，当我试过这些命令后，我会告诉你们它们的用法！迄今为止一切都相当简单，如果电动机命令设计精巧的话，获取复杂的动作也变成小菜一碟了。

我知道以上都相当有趣，但它并没有实现任何功能！要成为机器人，我们还需要传感器、对传感器输入的响应，以及使用这些响应行为做某些事情的意图，那是我们接下来的内容。我最近购买了一块 CharmedLabs（www.charmedlabs.com） Pixy 视觉板，所以下一步的计划就是让我的 Critter 使用这个相机来追踪周边的某种东西，这是另一篇文章了。

将游戏操纵杆接入 Arduino 来控制输出开关

问：我有一个 Arduino Uno 和一个适合接入它的操纵杆接口板，你能设计一个让接口板独立且操纵杆接入能用来打开 / 关闭的开关的电路吗？另外，你能否指明如何使用 sketch 程序的 setup 做同样的事情（作为一个开关）？

S. Browman
Montreal, Canada

答：正如你们中许多人所知道的那样，“魔鬼隐藏在细节之中”，所以我继续追问了几个问题，以确定可行的解决方案还需要哪些东西。我们的提问者确实对数字输出极为热衷，而对干节点继电器或光隔离器之类的东西没有兴趣。因此，考虑到这些因素，我所需要创建的东西是一个 LED 驱动器电路以及能够从 ITEAD 操纵杆接口板解释操纵杆模拟值的 sketch 程序。

硬件

因为这个解决方案的一部分是点亮一些 LED 灯，硬件需要先行设计，以便 sketch 能够知道它应该往哪些引脚写入，而且测试代码的时候如果有输出的硬件也会更为方便。设计者需要准确了解所发生的事情，这一点较为关键。

我已经知道了这是一块 ITEAD 操纵杆的接口板，所以对该操纵杆进行查询可知，我无法从该设备获得任何数字输出。接口板有 7 个按钮输出和两个模拟输入，数字 I/O 引脚 0-2 和 10-13 可用，也可以使用模拟引脚 A2-A5。但为了不使事情复杂，我将仅使用默认的数字引脚，而不是将模拟转换成数字。

这个设计需要 5 个数字输出给 LED 用，它们对应着 4 个“摇杆位置”的最远端及其中心。我选择了 D0 到 D2 以及 D10 和 D11 作为数字输出端口。图 1 为其原理图。

你应该制作一个小型印制电路板（PCB，printed circuit board）来连接 Arduino 以获得 LED 的

输出。我假设你使用的是标准 Arduino，所以其电路使用的应该是 5V 电压。一个 1kΩ 欧姆的电阻将每个 LED 的电流限制为大约 3.3mA，这样可以不让电路板负载太大。

图 1 LED 灯接口板原理图

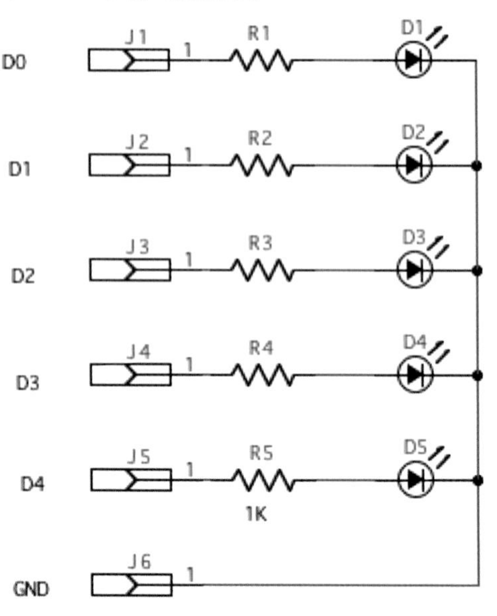

计算上述电流需要知道 3 件事情。首先是欧姆定律，其表示为 $I = U/R$，或者电流等于电压除以电阻。将实际的值代入，我们得到的结果是 3.3V/1000Ω = 3.3mA。“你从哪得到的 3.3V？”你也许会问。这就是我所知道的第二件事情：一个标准 LED 发光时通过其半导体的“压降”为 1.7V，而 5V - 1.7V = 3.3V。最后，我知道 3.3mA 是足够点亮 LED 的。如果你使用的是 3.3V 的 Arduino，则需要将电阻值降低为 470Ω，此时电流将和上面一样。

你也可以使用别人已经做好的 LED 板及定制的接线束。一些比较好的产品是 Digilent 的 Pmod8LD Pmod 板，可以在 http://store.digilentinc.com/pmod8ld-8-high-brightleds 买到它。或者你也可以访问 www.mikroe.com/add-on-boards/various/easyled 去查看 MikroElektronika 的产品。

如果你使用的是这些廉价的制成品中的一个，则无需再自己做电路板，你所需要做的只是接接线而已。

软件

将硬件都连接好，我们现在可以开始编写代码了。Arduino 有一个 10 位的模数转换器（Analog-to-Digital Converter，ADC），这意味着当你将 X 或 Y 操纵杆移至最远端时，你可以得到一个从 1 ~ 1023 之间的数字。这表示操纵杆在任一方向的中间位置时其值应该为 511。但实际上这不太可能，不过我可以告诉你如何在代码中处理这种偏差。

我没有操纵杆的接口板，不过我可以查阅它的规格表和原理图，所以我能够获知两个操纵杆的方向分别连接到了模拟输入的 A0 和 A1。ITEAD 的文档指出，X 轴连接到 A1，Y 轴连接到 A0。

我并不知道哪个极限位置是 0，哪个是 1023。不过即使我猜错了，你还是可以通过调整程序来进行实际匹配。

程序清单 2 是我写出的 sketch 程序，它可以实现你所需要的功能。

程序清单 2

```
/*
 * Joystick example code for ITead Joystick
 * Shield.
```

```
 */

 #define LEFT 0
 #define RIGHT 1
 #define UP 2
 #define DOWN 10
 #define CENTER 11

 /*
  * Variables that we will use in main()
  */
 int Xval;
 int Yval;

/*
 * setup() is executed exactly once and it is
 * where things are defined in an Arduino
 * sketch.
 */
 void Setup(void)
 {
       // define our digital outputs
       pinMode(LEFT, OUTPUT);
       pinMode(RIGHT, OUTPUT);
       pinMode(UP, OUTPUT);
       pinMode(DOWN, OUTPUT);
       pinMode(CENTER, OUTPUT);

       // turn all of the outputs off
       ClearAll();
 }

/*
 * main() is executed as a loop in an Arduino
 * sketch, when the code reaches the end of
 * main(), it starts up again at the beginning.
 */
int main(void)
{
       /*
        * We will start out reading the
        * joystick values, and then deciding
        * what to do with them.
        */
       Xval = analogRead(A1);
       Yval = analogRead(A0);

       // Clear all outputs
       ClearAll();

       // Check and turn on the correct LED
       if (Xval == 0) {
              digitalWrite(LEFT,1);
```

```
        }
        else if (Xval == 1023) {
               digitalWrite(RIGHT,1);
        }

        if (Yval == 0) {
               digitalWrite(UP,1);
        }
        else if (Yval == 1023) {
               digitalWrite(DOWN,1);
        }

        // Check for the center value
        if ((Xval > 500)&& (Xval < 520)&& (Yval
        > 500)&& (Yval < 520)) {
               digitalWrite(CENTER,1);
        }

        // Delay 100ms so we don't get flickering
        // LEDs.
        delay(100);
}
/*
 * We will be doing this a LOT, so
 * make it a function we can call.
 */
void ClearAll(void)
{
        digitalWrite(LEFT,0);
        digitalWrite(RIGHT,0);
        digitalWrite(UP,0);
        digitalWrite(DOWN,0);
        digitalWrite(CENTER,0);
}
```

因为你可以同时将 X 轴和 Y 轴都置于极限位置，所以需要同时对两个轴进行检查。我们希望操纵杆的中心就是 ADC 可能值的中间值，但这实际上并不太可能。使用操纵杆时，程序员喜欢在操纵杆的中心周围通过编程设置一个“死区”。下面这行代码就是死区：

```
if ((Xval > 500)&& (Xval < 520)&& (Yval > 500)&& (Yval < 520))
```

在上面的语句中，我基本上是在精确中心的每边给出了 10 个 ADC“计数”作为死区，我将之称为操纵杆中心。根据你的具体硬件不同，你或许需要将这个范围扩大，当然你也许很幸运，可以使用更窄的区域，这完全得看你手中的硬件。

就是这么简单！使用 Arduino 这个“沙盒”可以轻松愉快地编写一些快速的代码，完全无需知晓编写嵌入式软件时的所有那些令人讨厌的细节。

我在写这些代码的时候做了一些猜测和假设，如果我选择的数字输出引脚被其他程序使用或者被其他应用屏蔽，那么你的最终程序也许需要做一些相应调整。

我能将 UECIDE 的内容完美打印出来吗

2016 年 4 月，一位读者给我发来一个问题，他希望编写一个脚本使用 Arduino 上的操纵杆接口板作为某种类似“Atari 式”的操纵杆控制器。我手头没有这样的接口板，但尝试用一些示例代码来解决这个问题。嗯，代码工作得不算好，不过在来来回回几封电子邮件之后，我们终于让它工作起来了。

如果回头去看最初的示例代码，可以发现其中隐藏着一个不太明显的 bug 会导致编译错误。（你发现了吗? 没发现也不用沮丧，因为我也和你一样。）所以，我简单地使用了操纵杆的极值（那位读者在实验的时候使用调试打印输出找到了它们）重写了程序，程序清单 3 显示了新的、改进后并可以实际工作的 sketch 程序，Arduino 的调试打印命令仍然保留在该代码清单中。

如果你能够发现我上面提到的 bug 的话，请让我知道！答对者将获得从 Mr. Roboto 废弃的一个机器人身上拆下的真正的机器人车轮，还有 Mr. Roboto 的亲笔签名哦！这应该能让你的朋友们羡慕嫉妒恨吧！（也许吧。）

下一个问题是有关我最喜欢的 Arduino 系的 IDE——UECIDE。

问：Mr. Roboto，你曾经提到过 UECIDE 是一个超级棒的集成开发环境，具有比 Arduino IDE 更丰富的功能。但在我看来，它还有一个缺陷：UECIDE 没有打印功能。也就是说，我们无法得到一个硬拷贝的打印输出。Arduino 的输出相当可怕，虽然 IDE 的颜色和排列都具有良好的格式，但输出却是一堆乱七八糟的黑白横断线，完全不可用。

当我就这个问题联系 UECIDE 的作者的时候，他告诉我，“没有人需要一个硬拷贝的打印输出”，并且我是“第一个这么要求的”。他还表示在 Java 中实现这个比较困难，以我浅薄的研究发现他说的也许是对的。不过再一次申明，我不是像 UECIDE 作者那样的专家。

我自编程以来一直使用的都是 Fortran 语言，也就是最近几年和 M.E. Labs PICBASIC PRO（www.melabs.com）以及 MikroElektronika Basic Pro（www.mikroe.com）合作之后，才开始接触 Arduino 的东西。这两家都提供了非常棒的 IDE，有着同样棒所见即所得的打印输出。实际上，我可以将 Arduino 的代码剪切并粘贴到这两个 IDE 中，并获得格式良好的打印输出。不过这也有问题，拷贝过去的关键字定义的颜色有 50% 的错误。我目前的方法是将程序剪切并粘贴到 Notepad++ 中，以获取格式化的颜色打印输出。这是一个解决方法，但是有点儿浪费时间。

我将我所写的每一个程序都打印了出来 —— 特别是最终版本，该版本中，我放入了一个硬拷贝文件，并伴有特定项目的其他信息。是的，我可以查看所有的信息（例如，手绘的图形和 sketch 程序等），并将它们都保存为电子格式。但是我喜欢书面文件，因为我到哪里都可以随身带着它们。当我在编程的时候，我可以打印出中间的结果，这样我就能在阅读室（浴室）、在卧室、在车里、或者在室外的门廊上喝一杯时分析它们。我需要在此强调，我在上面做笔记，这样我回去编程时就可以做相应的修改。总之，我必须要将它们打印出来！

是的，我有足够的技术通过网络、Wi-Fi、iPad，以及远程桌面或 VPN 等方式来访问我所需要的东西，或者说我可以在世界上任何地方做同样的事情。但问题的关键在于，我的工作习惯就是那样，我需要硬拷贝打印输出。

有人同意或不同意我的方法吗？我就是因为这个问题才不再使用 UECIDE 的。

Bob Found
Indian Harbour, NS, Canada

答：嗯，你知道，我必须做个诚实的人，我从来没有想过要做将 Arduino sketch 程序打印输出这样的事情，但我做过你所提到的事情，当处理其他项目时，我需要纸张帮助琢磨 —— 这特别适用于调试其他人的代码的场合。Arduino IDE 非常糟糕，这点我完全同意。我知道极简主义有利于速度和简单性，但真是这样吗？这就是我开始使用 UECIDE 的原因，它有一个相当不错的 IDE，具有关键字突出显示、错误标记以及命令识别等功能。不过，我从来没有想过要将代码从其打印出来。

当我想要处理某些发烧友所希望的“所见即所得”时，我会使用 Xcode 打开 Arduino sketch 程序，Xcode 是 Mac OSX 上的 C++ IDE（我不使用 Windows）。无需剪切和粘贴，只需将文件拖曳到 Dashboard 图标上并将其放下。然后选择“C”代码格式，这样它就可以被提交给打印机了。如果你是在 Windows 上，也许可以试试 Visual Studio C++ IDE，看看它的兼容性是否更好。如果不行的话，坚持使用 Notepad++ 也可以，这是我最喜欢的“轻”Windows 编辑器。

程序清单 3

```
sketch.
/*
* Joystick example code for
ITead Joystick Shield.
*/
#define LEFT 2
#define RIGHT 10
#define UP 11
#define DOWN 12
#define CENTER 13
/*
   * Variables that we will use
in main()
*/
int Xval;
int Yval;
void setup()
{
        Serial.begin(9600);
        Serial.println( “ready” );
```

```
        // Define LED outputs
        pinMode(LEFT, OUTPUT);
        pinMode(RIGHT, OUTPUT);
        pinMode(UP, OUTPUT);
        pinMode(DOWN, OUTPUT);
        pinMode(CENTER, OUTPUT);

        ClearAll();
}
void loop()
{
        Xval = analogRead(A1);
        Yval = analogRead(A0);

        ClearAll();
        // Check and turn on the
correct LED
        if (Xval < 5) {
        digitalWrite(LEFT,1);
        }
        else if (Xval == 1020) {
        digitalWrite(RIGHT,1);
        }

        if (Yval < 5) {
        digitalWrite(UP,1);
        }
        else if (Yval == 1020) {
        digitalWrite(DOWN,1);
        }

        // Check for the center
value
        if ((Xval > 500)&& (Xval
< 520)&& (Yval > 500)&& (Yval <
520)) {
        digitalWrite(CENTER,1);
        }

        Serial.print( "Xval =  ");
Serial.println(Xval);
        Serial.print( "Yval =  ");
Serial.println(Yval);

        // Delay 100ms so we
don't get flickering LEDs.
        delay(100);
}

void ClearAll()
{
        digitalWrite(UP,0);
        digitalWrite(DOWN,0);
```

```
        digitalWrite(LEFT,0);
        digitalWrite(RIGHT,0);
        digitalWrite(CENTER,0);
}
```

大电路驱动和颜色追踪

问：我正在考虑组装一台远程遥控的吹雪机，我计划采取的是 Arduino 电路。我想知道对于一个 24V 的具有两个电子执行器控制 X-Y 轴的双电动机驱动系统来说，应该使用什么类型的接口板（shield）或驱动器？

Roy，Peoria, IL

答：那么，你需要的是驱动 24V 的电动机，我对此有一些心得。你还需要驱动两个电子执行器用于（我猜）转向，这可能算是一个不错的主意。当涉及转向机器人时，最简单和最可操作的方式是只使用驱动器电动机进行差速转向。

如果你见过小型四轮驱动的工程车辆，它们的前部都装配着铲斗（它们被称为滑移装载机），那么实际上你已经见识过了差速转向的有效性。使用这种方法是最快方式，当然，你可能基于硬件限制而需要另一种转向的方法，但如果采用差速转向的话，你将只需要一个 24V 的电动机来驱动车轮。

我不建议你使用单个电动机驱动吹雪机，因为这样你将需要一个驱动桥差速器和一个大功率伺服来控制转向，这两个组件的设计都挺困难，而且（对于爱好者）非常昂贵。还是采用两个电动机的方案吧！

有了这些注意事项，下面是我推荐你要走的方向：

如果你可以采用差速转向，你的选择有限但转向装置大为简化。我强烈建议你使用一块“非”接口板的电动机控制器或电动机驱动器；不过为了简化编程，我建议你采用的是电动机控制器，而不是电动机驱动器。

电动机驱动器是一种简单的设备，微控制器需要为其提供一个 PWM 信号和方向 I/O。这意味着你需要在 Arduino 处理能力有限的情况下，挤出一部分处理能力进行这部分工作才能让电动机转动。相比之下，电动机控制器可以处理电动机部分的所有工作，你只需要向控制器发送电动机速度和方向命令（通常是通过逻辑电平 RS-232）就可以让电动机工作了。

运行像吹雪机这样的大型机器将需要的电流不会很小，我猜也许需要 20 ~ >30A（这个电流肯定不是普通的 Arduino 接口板所能支持的）。要处理滑动转向，你将需要两个电动机，并且取决于你选用的电动机控制器，你可能需要一个或两个电动机控制器。

我假定你的电动机体积不小，所以最具性价比的选择将来自于那些面向“RobotWar”的爱好者商店，我经常“前往”的商店包括 www.pololu.com，主要面向机器人爱好者；这里有“battlebot”级别的控制器。www.robotpower.com，好吧，我上面说接口板不太可能支持高电流，但是这儿的伙计就有高电流的马达控制器 Arduino 接口板。www.battlekits.com，名字说明了一切。www.robotmarketplace.com，这里的伙计们有着所有系列的高电流马达控制器，从价格低廉的到高端产品，一应俱全。

由于需要知道电压和电流，所以将直流电动机和电动机控制器进行匹配往往比较困难。电动机上一般都印有电压，但通常不会有电流参数。尽管如此，所有的信息都不会缺少！ Google 一下电动机的产品型号，你可能会很幸运地找到相应产品的数据表，你可以在其中查找电动机的“失速电流”参数。

选择一个电流性能和失速电流相近且你能负担得起的电动机控制器，要确保你选择的电动机控制器在电流过高时可以关闭，这样可以防止失速破坏你的控制器、电动机和 / 或电池！

好了，下面将是我前面提到的项目：使用 PIXY 视觉系统相机的机器人视觉。

图 1　pixymon 程序的 Logo

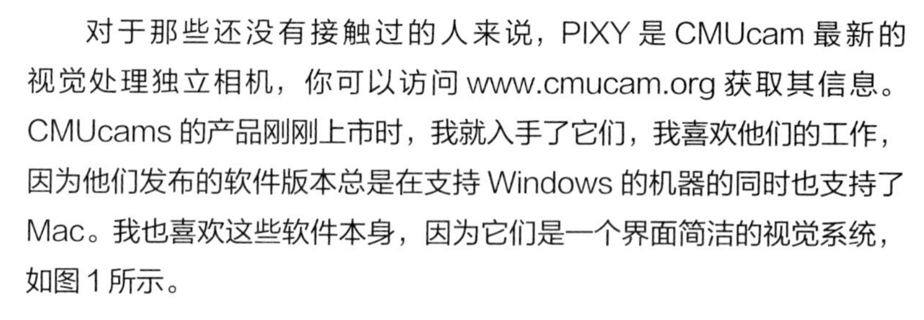

对于那些还没有接触过的人来说，PIXY 是 CMUcam 最新的视觉处理独立相机，你可以访问 www.cmucam.org 获取其信息。CMUcams 的产品刚刚上市时，我就入手了它们，我喜欢他们的工作，因为他们发布的软件版本总是在支持 Windows 的机器的同时也支持了 Mac。我也喜欢这些软件本身，因为它们是一个界面简洁的视觉系统，如图 1 所示。

他们最新的 PIXY 比最初的 CMUcam 要强大很多！可以去他们的网站获取更详细的信息，这项工作将留给读者们去完成。

我的项目需要将 PIXY 连接到 ChipKIT Max32 的主板上，它可以让我的机器人完全自主地追踪一定范围内的其他机器人。我在网上搜索了一下世界各地程序员的伟大作品，找到了一个别人已经完成的项目。遗憾的是，似乎并没有任何项目已经成功地将 PIXY 连接到 chipKIT Arduino 兼容板上。哦，快乐总是存在于旅途之中，对吧。

CMUcam 的伙计们提供了一个可以将 PIXY 连接到 Arduino 上的演示 sketch 程序，所以我们就从这个程序开始出发。我没有尝试将 chipKIT 连接到 PIXY 上，然后再调试演示 sketch 让其工作（这样会同时有两个未知因素）。相反，我首先会让 PIXY 在 Arduino 上能够工作，它需要能看见被训练去追踪的颜色。

为了让 PIXY 能够实现基于视觉的“追踪”，需要采取下面 3 个步骤。

1. 训练 PIXY“看到”你准备去追踪的颜色

这不是很难做到，事实上，我们有两种方法可以实现这一点。第一种方法是使用 CMUcam 网站上所给出的方法（www.cmucam.org/projects/cmucam5），该方法需要使用 PIXY 相机主板顶部的按钮。如果要训练 PIXY 追踪某种颜色，请按下 PIXY 主板上的按钮，同时将你想要追踪的颜色的物体放在相机前面，当主板底部的 LED 灯开始闪烁时，表示已经匹配上你想要追踪的颜色特征，此时松开按钮。当 LED 灯停止闪烁时，再次按下按钮，PIXY 将存储此颜色特征并为它分配一个特征 ID。

使用这种方法的问题在于我无法保证将指定的颜色分配给特定的特征 ID，不过，这种方法的优点在于机器人不需要连接到计算机上去学习。如果你想追踪所有的颜色（最多 7 种），那么你并不需要去关心它的具体 ID 是什么。

我不喜欢特征 ID 分配时明显的随机性，因此我采用了另一种方法。这种方法要求你使用（操作系统无关的）pixymon 程序，该程序可以从 CMUcam 网站上下载。

图 2　分配特征 ID

2. 为 PIXY 设置追踪颜色

步骤 1：运行 pixymon，将颜色物体放置在相机前，然后选择 Action->Set signature 1（或 2 等）。使用鼠标选择要用作特征颜色的物体上的区域，如图 2 所示。

步骤 2（可选）：设置特征名，并将其“apply（应用）”到 PIXY 主板。如图 3 所示。

图 3　给特征颜色命名

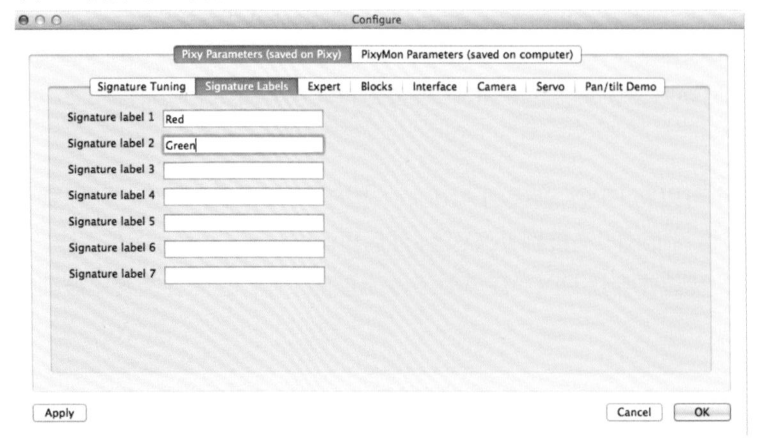

步骤 3：断开 PIXY 与计算机的连接，并将之连接到 Arduino 板上，如下面这个链接所示：http://cmucam.org/projects/cmucam5/wiki/Hooking_up_Pixy_to_a_Microcontroller_%28like_an_Arduino%29。

请确保你的 PIXY 运行的是“默认程序”，此时它输出的是 PIXY 检测到的颜色的矩心（块的中心）位置。如果你的 pixymon 程序仍未关闭，屏幕显示将如图 4 所示。

图 5 显示的是我“教”PIXY 所追踪的红色（ID 1）和绿色（ID 2），这个视图是“处理过的”视频图像，可以看到 PIXY 数据已经覆盖在实际的视屏数据上了。

图 4　默认程序检测颜色视图

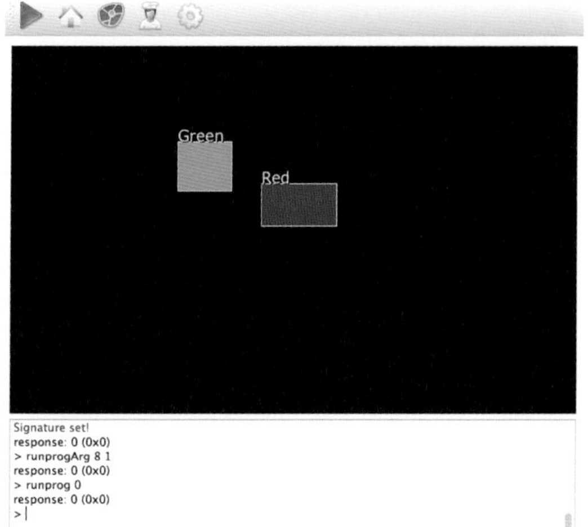

图 5　带颜色的物体

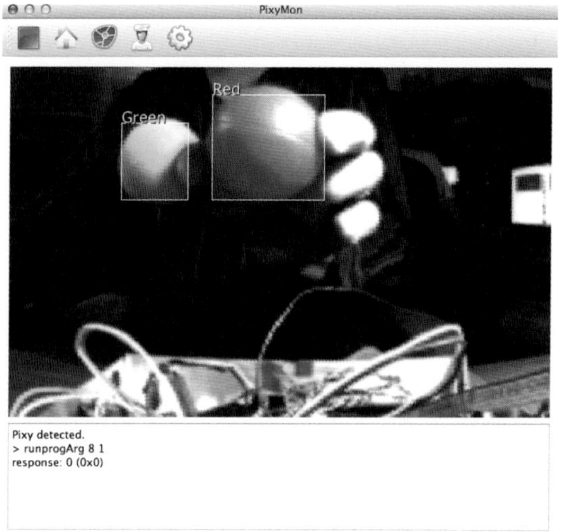

3. 设置 Arduino 以使用 PIXY 的追踪数据

有一点需要记住，你应该去网上搜索看看，或许别人已经解决了你所需的全部或部分问题，你可以参考一下他们是如何解决的。CMUcam 非常友善，他们已经提供了一个演示程序，可以为我们展示如何从 PIXY 获取追踪数据。记住，PIXY 上运行的必须是“默认程序”模式，只有这样演示程序才可以正常工作！

我提供的 Arduino sketch 程序和原始的“hello_world”程序相比做了一个地方的修改，我指定了只有在块的宽度和高度大于 10 × 10 时才会显示一次“命中”。之所以这么做，是因为程序不断地从我的衬衫上检测到颜色符合并上报。是的，我对程序进行了修改，这样我就不用换衣服了，毕竟改程序会更快。

在使用这个 sketch 程序之前，你需要将 pixy 库（可从这里获取：http://cmucam.org/projects/cmucam5/wiki/Latest_release）放入到 Arduino 集成开发环境的库文件夹中，或者对于我来说，是放入到 UECIDE 的库文件夹中。这个库可以给你提供 pixy 对象及示例代码，如程序清单 4 所示。

程序清单 4

```
//
// begin license header
//
// This file is part of Pixy CMUcam5 or “Pixy” for
// short
```

```
//
// All Pixy source code is provided under the
// terms of the GNU General Public License v2
// (http://www.gnu.org/licenses/gpl-2.0.html).
// Those wishing to use Pixy source code, software
// and/or technologies under different licensing
// terms should contact us at cmucam@cs.cmu.edu.
// Such licensing terms are available for all
// portions of the Pixy codebase presented here.
//
// end license header
//
// This sketch is a good place to start if you' re
// just getting started with Pixy and Arduino.
// This program simply prints the detected object
// blocks (including color codes) through the
// serial console. It uses the Arduino' s
// ICSP port. For more information go here:
//
// http://cmucam.org/projects/cmucam5/wiki/
// Hooking_up_Pixy_to_a_Microcontroller_(like_an
// _Arduino)
//
// It prints the detected blocks once per second
// because printing all of the blocks for all 50
// frames per second would overwhelm the Arduino' s
// serial port.
//
#include <SPI.h>
#include <Pixy.h>
// This is the main Pixy object
Pixy pixy;
void setup()
{
  Serial.begin(9600);
  Serial.println( "Starting...\n" );

  pixy.init();
}

void loop()
{
  static int i = 0;
  int j;
  uint16_t blocks;
  char buf[32];

  // grab blocks!
  blocks = pixy.getBlocks();

  // If there are detect blocks, print them!
  if (blocks)
  {
    i++;
```

```
    // do this (print) every 50 frames because
    // printing every
    // frame would bog down the Arduino
    if (i%50==0)
    {
      sprintf(buf, “Detected %d:\n” , blocks);
      Serial.print(buf);
      Serial.println();
      for (j=0; j<blocks; j++)
      {
       // Only print a detect if it isn’t a ghost
       // detection
       if ((pixy.blocks[j].width > 10) &&
       (pixy.blocks[j].height > 10)) {
                sprintf(buf, “ block %d: “, j);
                Serial.print(buf);
                pixy.blocks[j].print();
                Serial.println();
       }
     }
    }
  }
}
```

训练完 PIXY 后，将其连接到 Arduino 上，然后下载“hello_world” sketch 程序，此时你将在串行终端输出上看到如图 6 所示的结果。下载代码时可以看到 IDE 显示“download complete”，此时点击按钮打开 Arduino 串行监视器来查看 Arduino 获取的追踪数据。

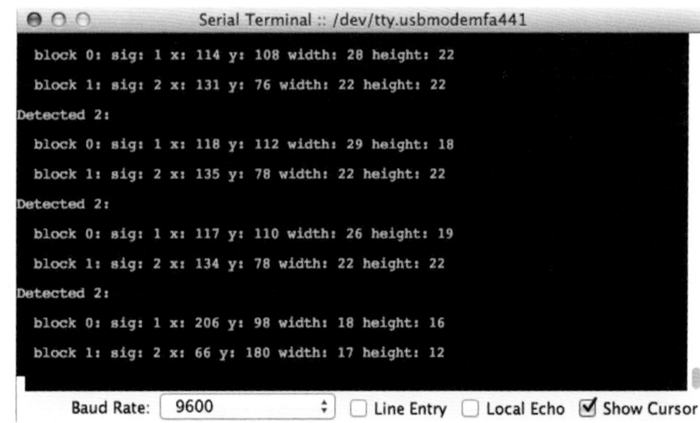

图 6　Arduino 串行监视窗口获取的追踪数据

你可以使用块数据中的 X/Y 和宽度 / 高度数据来让机器人对程序中定义的颜色进行追踪。让机器人转动去跟随 X 坐标，一般来说，如果 Y 坐标越靠近底部，表示物体离得越远；如果其较高则表示离得较近。类似地，如果物体离得较近的话，块的宽度 / 高度将会更大。

我已经验证了我们的硬件以及在 Arduino 上进行训练均没有问题，现在，需要连接到 chipKIT Max32 上去。我不能使用和之前一样的布线方式，因为 Max32 为 SPI 连接器提供的是 3.3V 电压，而 PIXY 需要的是 5V。

看来只有在我下次解决了电平接口问题之后才能继续往下走了。

04 机器人产品和 DIY

乐高义肢

Holden Berry 撰文　何语萱 译

在这个高速发展的世界上，任何创意都会淹没在成千上万相似的项目中。义肢产业就是这其中的典型代表。无数科学家每年都勾画出各种蓝图以降低生产成本、提高产量、让义肢变得更加轻便灵活好穿戴。这些创意会让厂家和截肢者受益非常，但正因为选择实在太多，他们反而不知道要如果抉择。过两天读者就会忘记自己曾经读到过一篇关于“3D 打印义肢”的文章。

有关于改进义肢的想法如过江之鲫，但这其中有一个人所提出的方案值得大家考虑。Carlos Arturo Torres Tovar 正在进行一项与乐高结合的义肢项目，该项目意在帮助儿童设计并搭建出他们专属的义肢，若项目成功，将对截肢儿童身心都有极大的帮助。

Tovar 在位于丹麦的乐高未来实验室工作的时候想到了这个创意。乐高未来实验室是乐高研发保密产品和保密研究的小组。在未来实验室工作的人们致力于研究全世界小孩的玩乐。Tovar 在未来试验室中见证了各种神奇的玩具发明：功能完备的汽车、可以拼魔方的机器人，还有（对义肢最重要的）玩具四肢。Tovar 被这些能安装在其他乐高零件的玩具四肢点燃了，他想起了自己的故乡哥伦比亚，纷飞的战火导致每年平均 5400 名新增残疾儿童。于是 Tover 开发出了 IKO 创意义肢系统，义肢所用的材料（包括电池）基本由乐高出品，一只手的价格大概在 5000 美元。唯一的消耗成本在义肢和躯体的连接处，那是一个价值 1500 美元的 3D 打印插槽，随着孩子的成长这个插槽理论上每年都需要更换。

由于义肢的定制性太高，比较难做价格对比，但从 2012 年的物理医学与康复档案上我们可以得到一个肌电上肢义肢的价格在 40 000 美元到 100 000 美元之间。该档案还记录了一个义肢使用者一生在义肢上大概需要花费 800 000 美元。

图 1　Dario 和他的家人朋友一起设计和组装他的义肢

Tovar 的合作对象是一位来自哥伦比亚的 8 岁小男孩 Dario（图 1），Dario 出生时就没有右上肢。在他们刚刚见面的时候，Tovar 将义肢手绘给 Dario 看，结果他们都认为 Dario 确实是最合适的实验对象。

Tovar 立马回到丹麦，从乐高总部获得了他的实验许可，而且他还可以出入乐高的零件库获取各种各样的组件。乐高团队都非常欣赏 Tovar 的这个想法，他们认为“孩子应该主导自己的人生并掌控有关于自己的一切”。有了团队的支持，Tovar 开始着手设计产品原型了。

他从一些 3D 打印的乐高零件开始，基于 LEGO MINDSTORMS 这个机器计算平台。Tovar 的设计是以一个 3D 打印的平台为基础，手部、吊钩甚至会闪烁的宇宙飞船（任何东西）只要是能通过乐高零件组装而成的形状都可以放在这个平台上。这都是 Tovar 折腾出来的成果（图 2）。

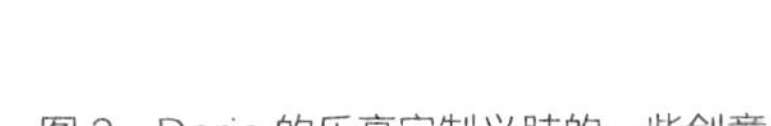

图 2　Dario 的乐高定制义肢的一些创意

平台和义肢原型一设计好，Tovar 立马回到了哥伦比亚和 Dario 见面，一起测试这个原型。Tovar 第一个担忧就是只有一只健全手臂的 Dario 要如何靠自己装上义肢。让 Tovar 大为感动的是，Dario 已经说服他的家人一同参与。无论是 Dario 的家人还是 Tovar 的工作团队都对一切搭建这只电池驱动的义肢的过程感到骄傲，Dario 也对自己的创意非常满意（图 3）。

图 3　Dario 正在测试使用新手臂捞东西

孩子能参与自己的义肢制作是件很好的事情。Dario 也验证了这一点。直接装上义肢和制作自己

的义肢这两者可有很大的区别。许多孩子在成长的过程中会遭受到不少的社会歧视。其中一点让他们觉得自己格格不入的就是，除了血肉外身体的一部分是由塑料和电池组成的。但是如果那部分是由孩子自己制作的，那他们的感受会非常不一样。孩子们不再被“我有一只长得不一样的手”困扰，他们会觉得“有一只手臂是我自己做的”。有了这样的心理暗示之后，四肢不健全的孩子也能建立自信、融入主流社会。

Dario 的行为测试也证明了乐高义肢积极的心理暗示。Tovar 为了证明这一点，邀请了 Dario 最好的朋友一起，这位小朋友四肢健全。在刚开始的时候，这位小朋友表达出对 Dario 的同情，但在活动结束之后，他对 Tovar 说，他也想拥有一个乐高义肢。

当 Dario 的朋友表示出了对 Dario 的嫉妒时，Tovar 提议他们一起将乐高飞船装到乐高手臂上，这又带来了一轮全新的有趣体验。Tovar 见证了 Dario 的朋友领会并学着理解他与 Dario 的不同，但他也意识到了他们之间并没有什么区别，即使 Dario 缺少一只手臂，也不会影响他的成长。

Tovar 不得不将乐高义肢从 Dario 身上取下，以便做一些改进。虽然 Dario 和他的新手臂才呆在一块仅仅一天，但他已经将那只义肢视为身体的一部分，取下的时候 Dario 伤心坏了。但他也明白需要更多的测试和改进，才能让自己真正地拥有一只乐高手臂。Tovar 也答应 Dario 他会尽快设计出更好的义肢送给 Dario。

Tovar 希望可以做出肌电义肢，这样 Dario 只需要用大脑和肌肉而不是遥控去控制他的手臂。肌电系统能捕捉到肌肉间传递的电信号，从而启动义肢上的引擎。不过实现这一点还需要一些时间（图4）。

图 4　完成组装的 IKO 创意义肢系统

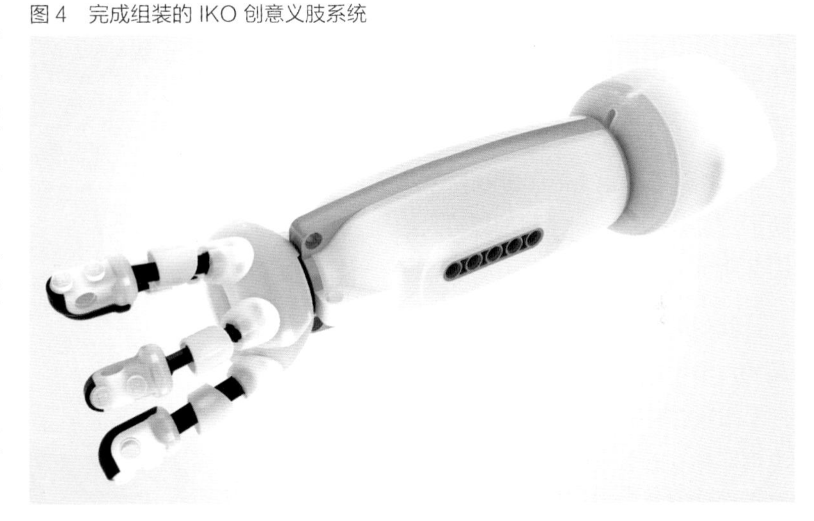

可能某一天你浏览网页的时候就会看到关于这个最新最棒的义肢技术的大量报道了，像 Dario 和他朋友的故事，还有千千万万名儿童都能从这个项目中受益的事迹。

虽然相比乐高，孩子们现在能够相对轻易地得到一个肌电义肢，但是设计并组装自己的义肢所带来的感受将大大鼓舞着这些孩子。Dario 的故事很好地说明了这一点。我可以肯定，在不久的将来，会有更多孩子能得到与 Dario 相同的快乐。

Meccanoids 机器人

William Massano 撰文　何语萱 译

图 1　Meccanoid 机器人

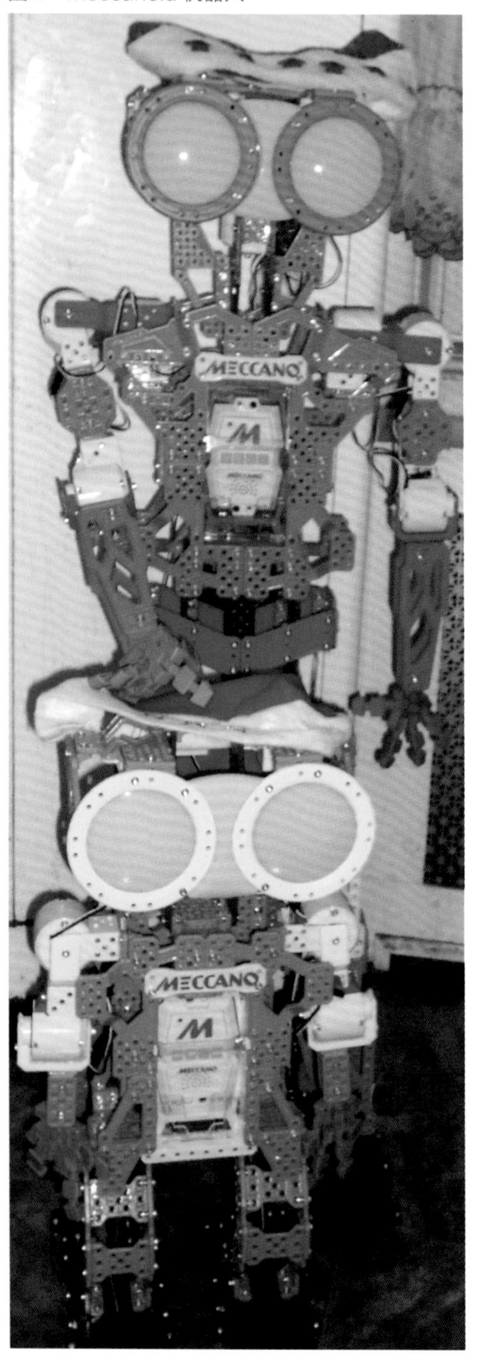

2016 年 9 月，我去了纽约的制汇节。在展位间溜达的时候，一个相当漂亮（或者应该说是可爱？）的机器人突然进入了我的视线。它大概 60 厘米高，长着两只巨大的眼睛，如图 1 所示。工作人员告诉我这个机器人名为 Meccano Meccanoid，型号是 G15。Meccano 会说话，也能通过语音操作它，当然我们也能为它编写程序。

接触机器人的大量经验告诉我，Meccano 将会成为一个很好的教学项目。于是，我花了 179 美元买下了它。在这篇文章中，你将读到 Meccano 从拆箱到使用，还有我在组装它时总结的小技巧，以及关于 G15 的升级版——G15KS 的简介。

G15KS 可算是 Meccano Meccanoids 中的巨无霸了，高度接近 1.2 米（目前售价大约是 299 美元），如图 2 所示。除高度外，它和 G15 还有一些区别。

让我们先来看看 G15。Meccano 机器人工具包勾起我对早年安装工人工具箱的回忆。机器人的塑料零件是由螺丝组合在一起的。G15 大约有 600 块这样的（相对标准的）零件，而 G15KS 有 1200 块（大概发行商把螺丝和螺母也都算上了），如图 3 所示。大部分螺丝长 12 毫米，有的更大一些，不过螺母是通用的。

这些零件都有各自的塑料包装，不是混在一块的，不过它们也并没有特意按照任何顺序排好。你通常会同时使用到两到三个包装里的东西。顺序也不是什么大问题，只不过按照顺序放置零件的话，会更容易装配好机器人。工具箱中还附有一只六角螺丝刀和一个扳手。在组装过程中，比起扳手，螺丝刀的使用率要高得多。

本文后面会有 G15 的详细介绍，工具方面和 G15KS 大同小异。

图 2　G15 KS 包装

图 3　G15 KS 零件

组装

Meccano 的包装盒上写着“可用十年或以上”，但我觉得如果能坚持 12 年以上会更好。说明书的尺寸很不错，配图也很清晰，只是一句文字解释都没有。虽然在组装过程中的大多数时间里，我都能顺利完成，但是由于图示本身是平面的，而现实中的零件是立体的，这两者的差异导致我多次看不明白 G15 的示意图。有两次因为某个零件装反了，我不得不拆开一些主结构从头开始装配。

强烈推荐大家通过观看视频教程来组装。我就是通过看视频完成 G15KS 的组装的，真是少了不少麻烦（虽然还有但那是我自己造成的）。另外说明书上示意的螺丝大小和实物一模一样，这可是相当大的帮助，要知道有个螺丝之间只有一两毫米的区别而已。

我花了大约四天零五个小时完成 G15 的组装。组装 G15KS 则花了两倍的时间。G15KS 的说明书中组装腿部那一节漏画了两个螺丝，这两个螺丝可能至关重要，不过在你组装的时候会很自然地发现说明书漏了这块内容。G15 的说明书没有什么问题。

很多零件是“偏振”的，也就是对称的两边其实是不一样的（有一边会为螺母留下切口）。如果搞反了对后面的使用会有严重影响。说明书上也强调了这一点。

G15 需要 4 节 C 电池（我用了 4 节可充电电池），不过 Meccano 似乎不太耗电，4 节电池应该可以用很久。G15KS 的工具包里富有一个可充电电池包。

机器人的中枢是 Meccabrain，它能够控制机器人的所有组件，包括伺服器、引擎和灯（特指那对眼睛），如图 4 所示。Meccabrain 目前还未开源，但开发商表示有开源计划。可以预见，开源以后 Meccabrain 能连上传感器（比如 PING、雷达）以提升机器人的能力。

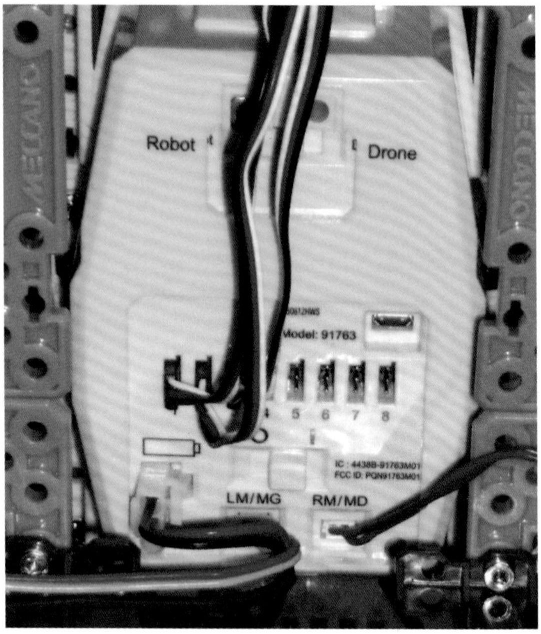

图 4　Meccabrain 的背部

检出

第一次启动的时候，系统会做诊断运行，如果没有诊断出问题就会正常启动。我在首次启动 G15 的时候就遇到了问题，不过这倒是给了我联系 Meccano 的技术支持的机会。伺服器测试失败（我马上会详细讲到这些伺服器的），接着它还发出了声响和动作。我联系了 Meccano 的技术支持团队，他们立刻寄了一个替换用的 Meccabrain。服务相当好！

但是我换上新的 Meccabrain 之后，启动程序还是老样子。debug 之后，发现一个伺服器的线有些松动。重新插紧以后，Meccano 活了过来！鉴于技术支持团队响应很快，我还是给了 A 的服务评价。

成功启动以后，程序将会要求你输入自己的名字，还有你的机器人的名字（默认为 Meccanoid）。双眼的颜色会告诉你机器人所处的模式：蓝色表示它正等待被唤起、绿色表示主菜单、琥珀色表示动作控制，紫色表示设置。

使用

当你呼唤它的名字后，机器人就会进入命令行模式。不过如果周围环境比较嘈杂，它可能听不清你的声音。你可以通过语音下达大部分指令，机身上还有 4 个不同颜色的按钮。说明书上写着它们各自的作用；每一种模式都有帮助菜单；如果需要，你可以在执行命令时让机器人语音播报如何使用指令。

Meccano 操作简单，当你不希望机器人再重复指令说明的时候，也可以选择关掉这个功能。如果想要切换到其他菜单，直接说出来就可以了（比如，“命令控制”）。

主菜单中有很多命令，比如“介绍自己”“摇手”“击掌”“给我讲个笑话”“记录 L.I.M.”（这也是给 Meccano 编程的途径之一）“进入睡眠”还有“一起散步”以及一些别的指令。

L.I.M 的全称是 Learned Intelligent Movement（学习智能运动）。这是 Meccanoid 的 3 种编程方式之一。根据手册提供的教程，能让机器人在你的程序下移动和录音。你可以给这一系列动作取个名字，当访问 L.I.M. 库并说出那个名字的时候，机器人将会按照顺序执行动作。

我已经尝试了 L.I.M. 的编程方式，它工作得很好。但另外两种编程方式我都还没有尝试，它们都

需要配合对应的(可下载的)应用使用。一个是 ragdoll，你能在移动设备上通过这个应用远程控制 L.I.M 库；还有一个应用能将手机镜头捕捉到动作，通过蓝牙传递给 Meccano。这两者对于年纪小的开发者比较友好。

机器人在动作控制模式下可以执行预设好的行为。除了向前向后移动外，还有超过 1000 个预设指令可供使用，包括讲笑话、问问题；还有一些与人有互动的动作，比如跳舞、武打、锻炼还有击掌……所有动作都有背景音效。加上 12 种不同的互动模式，以及受环境影响将会发展出不同的个性。你可以通过 USB 接口为它升级 Meccabrain。

Meccano 给我留下的印象之一就是超高性价比的伺服器。Meccano 所用的伺服器看起来普普通通，但其实它们是“智能”伺服器。这些伺服器和控制器间是双向沟通的，它们能向控制器汇报当前位置和速度。每个伺服器都是独立寻址，所以最多可以连接 254 个菊花链。

在这我想和折腾过六足机器人的开发者说，Meccano 只需要连接一个伺服器就可以了，18 个伺服器的噩梦不再重现。而且由于伺服器可以给予反馈，所以能探测到机器人的足部是否触及边界。

伺服器可以分离出来，而且比我之前接触过的很多伺服器要便宜。L.I.M. 和“一起散步”功能的实现都归功于 Meccano 的伺服器。当你握住机器人的手摇动时，它的手也会跟随你的动作一起摆动。

我是不是 Meccano 的粉丝？当然是！所以在买回了 G15 之后，我又入手了 G15KS（为了能做出更大的动作，它的手臂上多了两个伺服器）。除了对使用年限的顾虑外，我认为初入门的机器人爱好者值得拥有一个 Meccano；而对于经验丰富的爱好者而言，他们可以在 Meccano 身上发挥更多的创意。

Meccabrain 上有很多闲置的接口，也许以后开发商将会推出更多附加设备，比如给手部和肘部加上伺服器让机器人可以有“抓”这个动作。也许我们还会看到未来工具箱的升级呢。

作者简介

William Massano 是 SUNY Maritime College 物理、天体和计算机工程教授。长期以来他在软硬件方面颇有建树，无论是对设备的再利用还是根据需求编写软件，他都得心应手。目前 Massano 教授在研究 Arduino 以及 Arduino 相关的机器人。

迷你 Wi-Fi 摄像机

Eric Ostendorff 撰文　陆国君 译

关于无人机第一人称主视角（FPV，First Person View）摄像机的话题最近非常热门，它由一个小型摄像机连接信号发射装置将实时的影像发送至专用接收器、显示器或 FPV 护目镜上。视频发送装置（通常为 5.8 GHz，或称 5G8）是一套完全独立于无人机的无线控制系统，其传输的影像质量效果好，而且不存在滞后现象，视频范围通常超过无线控制范围。

一套完整的入门级系统，诸如 FatShark Teleporter V3，包含护目镜的售价通常在 200 ~ 300 美元。相比之下，基于 Wi-Fi 传输实时视频要便宜很多。少数玩具级别的无人机装载了这些价格相对便宜的图像发送设备，它可以把实时视频（但不包括音频）通过 Wi-Fi 信号发送到手机或 iPad 上，此方案仅需较低的成本就能实现 FPV 所带来的体验。此外市面上还有一些基于 Wi-Fi 的非无人机式“监控摄像机”，它们可以将视频及音频发送至手机，适用于宝宝监控或保姆摄像。

每个这样的摄像机都有自己开发的免费 App 可用来观看视频。所拍摄的视频和照片也可以存储在手机中以便将来的分享。由于没有任何密码保护，所以单个摄像机可同时与多个手机相连。每个摄像机都拥有自己的 SSID，它们在网络中广播自己的 Wi-Fi 信号，所以支持多个摄像机同时使用，作为用户只需要选择自己想连的设备即可。

那些家庭级安全 IP 摄像机需要通过 Wi-Fi 连接到互联网，而这些摄像机根本不需要，当然也不需要连接热点，因为它们本身就是一个移动热点，它们会以一个新的网络名出现在无线网可选列表中。因此，无论离路由器有多远或是有很多信号障碍，都不妨碍其使用。

Wi-Fi 无人机摄像机并不会对价值 200 美元以上基于 5.8 GHz 的摄像机市场造成很大的影响。通常它们在室外环境下可接收信号范围在 15 ~ 24 米，室内的话则会更小。其次，视频的传输也有近 1 秒的延时，音频的延时则更为严重。一个没有经验的无人机操作员，通常会让他的无人机在非常快的速度下飞行。而为了节省开支，作为第一次 FPV 体验，我认为大多数人会让它在房子周围飞行，并用它来查看家里的人在干什么。

虽然我很喜欢操控无人机，但相比之下，我更喜欢将 Wi-Fi 摄像机与一些基于地面的设备做应用上的结合，比如将它们绑在遥控车或移动机器人上去勘探房屋下的空间（甚至可以铺设电缆）或模拟在其他星球的探测任务。在这些移动缓慢且距离较近的场合，通信范围小和视频滞后所带来的影响并没有那么明显。与无人机相比，它的操作更为方便，简单的操作就可以停止，允许操作员做适当的调整和休息。

在本文中，我测试了两款无人机摄像机和一款监控摄像机，如图 1 所示，它们都通过 Wi-Fi 信号将视频直接传送到安卓手机、iPhone 或 iPad 上。两款无人机摄像机在功能和性能上有些许相似，那我们首先来看一下它们的表现。

图 1　无人机摄像机和监控摄像机

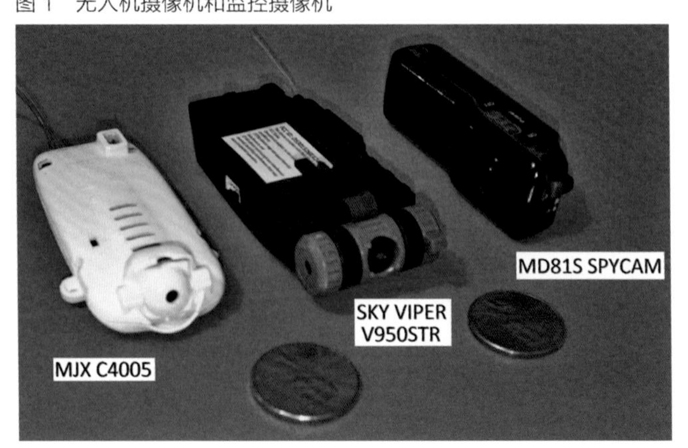

MJX C4005 是一款为无人机提供摄像功能的附件（美国亚马逊购买，

26美元）。Sky Viper V950STR是从无人机上拆下的一款可拆卸式摄像机（Toys R Us购买，90美元）。这两款都很小巧且都有外置天线，供电则需由外部电源供电，通常通过无人机内锂电池输出的3.7V供电，在这里我们也可以用4V左右的电池来替代。在测试中我所使用的是18650锂电池，上电后这两款摄像机均会微微发热，消耗的电流在250mA左右，所以根据实际需求，选择合适的电池容量即可。

如果使用碱性电池（3节AA，C或D碱性电池约合4.8V），在充满电的情况下需要添加一个二极管把电压降至4.1V ~ 4.2V。说到电量和设计用途，这些无人机摄像机主要是为了满足那些短时间在冷气流中飞行的需求，最长的飞行时间通常在8 ~ 10分钟，如果想要在较热的环境中连续飞行几乎是不可能的。

MJX C4005重10.5克，安装套件中有两块安装板和一个小型支架可用于安装到无人机上，此外还附赠了螺丝和螺丝刀。摄像机提供的法兰尺寸几乎可以满足所有安装场合，只要在App中将图像和镜头翻转，甚至可以在顶部安装，所以这是一款既可在底部也可以在顶部安装的摄像机。

图2　MJX C4005相机针脚定义

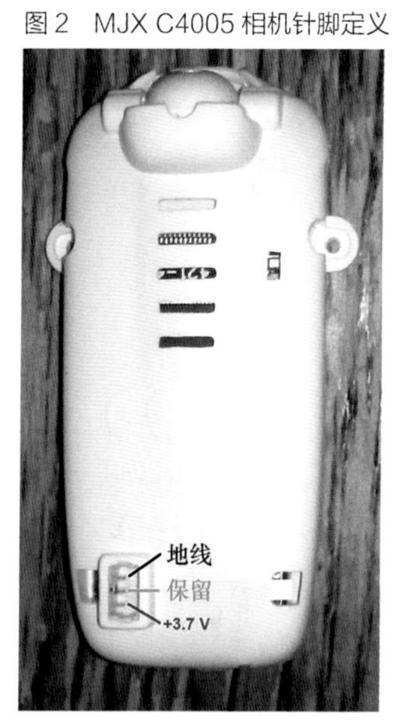

在安装件中分别有两根不同的线缆可分别用来连接无人机和直升机，选择其中的一根，将白色3针插头连接摄像机作为电源输入：红线为3.7V的电源正极，黑线作为0V负极，绿线不连接。当然，也可以使用红色插头端，但需要重新定义线号，可参考图2的针脚定义。

最靠近后边缘的针脚连接电源正极，中间的不连接，最上端的针脚连接电源负极，可以在电源线中安装一个开关，在我的测试过程中，电流最高到达300mA，一般在250mA内。外置天线安装的位置决定了信号接受范围的大小，因此可在不同的位置和方向进行测试，以最大化您的操控距离。该套件还包括将天线固定的支架、手机支架以及其他硬件。

接线完成后就可以从下面的链接中分别下载安卓和iOS所对应的MJX C4005 FPV应用程序：

https://play.google.com/store/apps/details?id=com.mjxrcfpv&hl=en;

https://itunes.apple.com/us/app/mjx-c4005-fpv/id959823602?mt=8www.mjxtoys.com/down/70.html

正确的操作流程如下：

（1）打开摄像机电源（LED亮绿色），等待15秒至红灯闪烁。

（2）先断开手机原来的无线网连接，搜索名为“MJX C4005 FPV”的网络并连接。此时如果出现“MJX C4005 FPV不能连接互联网”这样的提示，也不用担心。

（3）在手机中打开 MJX C4005 FPV 并按下“MONITOR”键，此时应该能接收到视频信息了。软件使用起来非常方便，图 3 是其中的一个截图，功能键从左到右包含录像开始 / 停止、照相、相片及影片查看、翻转、Wi-Fi 信号和返回功能。拍摄的照片和视频都可以在 App 中查看，可以在系统文件夹 MJXRCFPV_P 和 MJXRCFPV_V 中找到。

由于我直接拿了我双胞胎女儿的遥控车，所以只用了不到 1 分钟的时间系统就搭建完成了，如图 4 所示，她们也非常期待这款装完摄像机后的遥控车。具体安装和测试的视频可在如下链接中观看：www.youtube .com/watch?v=tk3bHUayRFY。另外一个视频是在走路时拍的，链接地址为：www.youtube.com/watch?v=apR-6Yp5BaU。总而言之，这款摄像机能够带来非常高画质的视频和非常宽的视频范围，除此之外，安装和操作也非常简单。

图 3　App 界面

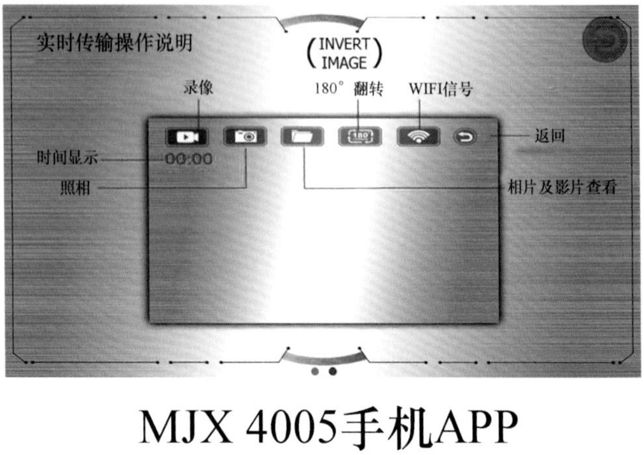

实时传输操作说明
INVERT IMAGE
录像
180° 翻转
WIFI信号
返回
时间显示
00:00
照相
相片及影片查看

MJX 4005手机APP

Sky Viper 的这款摄像机相比之前那款略微重了一点，共 14 克（图 5）。它不像 MJX 有外置天线单元，取而代之的是把天线嵌入至设备内，所以看不到有外置天线。通过将摄像机向前滑动能使它与无人机分离，此时只需要将电源插头小心的拔出即可。其中有一根四芯短线的一端连接至摄像机，另一端直接连至无人机的 3.7V 650mAh 的锂电池。需要注意的是必须要先拧开在无人机电池盖上的十字螺丝才能打开。此外，由于使用了 JST（Japan Solderless Terminal）插头，能够有效地防止电源插反。

图 4　带摄像机的摇控车

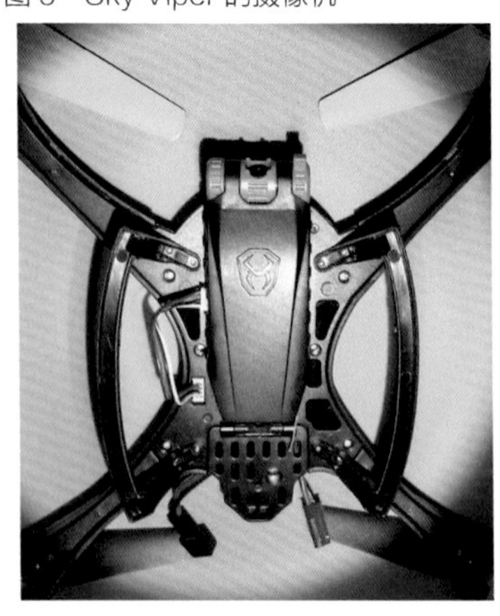

图 5　Sky Viper 的摄像机

如果要自己接线，请仔细查看图 6 中的线色，红色的电源正极连接到靠近镜头的 1 号针脚，黑色的电源负极连接到 3 号针脚，即从镜头侧开始数第 3 个针脚。（绿色和白色的线缆没有使用，这两根线通常用来告诉无人机是否已经连接摄像机并限制其特技功能。）同样，您可以随意选择电池类型，最大不要超过 4.2V，并考虑添加一个电源开关，尽量去插拔连接头而非线头。

图 6　SKYVIPER 相机通过适配器电缆直接连接至无人机电池

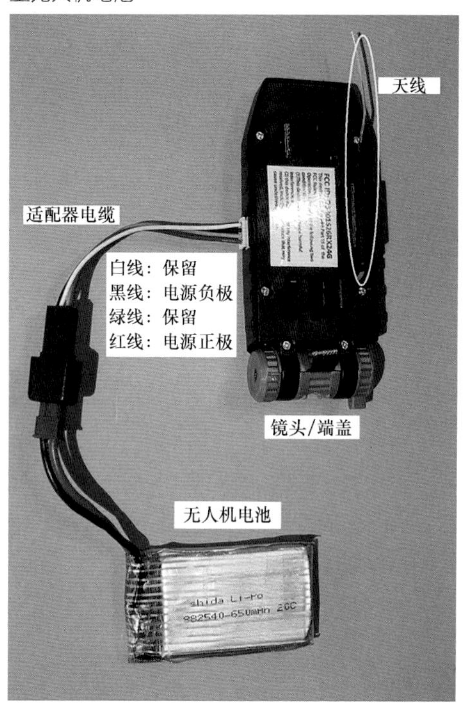

由于这台摄像机没有安装附件，因此与无人机、机器人或其他设备的机械连接时需要发挥一定的想象力，比如使用厚泡沫胶来黏合。由于 App 应用程序可以将图像翻转，因此也可以将它上下颠倒安装。 当 Wi-Fi 信号启动时，通过顶部的安装孔可以看见内部有红色 LED 灯会闪烁。由于其红色与绿色的 LED 指示灯并不明显，所以喜欢监控摄像机的用户应该会更喜欢 Sky Viper。

可以从以下链接下载 Sky Viper 的 App：https://play.google.com/store/apps/details?id= com.newskyviper　或 https://itunes.apple.com/us/app/sky-viper-videoviewer/id1004871562?mt=8。Sky Viper 官方的视频教程链接为 www.youtube.com/watch?v=kqQ_j5PoiOE。

以下是软件设置顺序：

（1）开机并建立 Wi-Fi 信号，约 20 秒。

（2）先断开原先的家庭 Wi-Fi，搜索名为“Skyviper_xxxxxx”的网络，此时可能会得到“互联网没有响应”的弹出警告，不用担心，这是正常的。

（3）打开 Sky Viper 的 App，连接后即可显示实时的视频和图片。

该 App 拥有纵横比、亮度和对比度调节，此外还可以镜像或翻转图像，当然录制视频 / 停止、拍照、文件访问和帮助这些基本功能也是有的，如图 7 所示。我上传了两个演示视频，分别在 www.youtube.com/watch?v=mssl3uQ0dUU 和 www.youtube.com/watch?v=3aPy3zhKRC4。照片和视频存储在系统文件 “Sky Viper Album”下。

我从 eBay 中国花了 25 美元购买了 MD81S 监控摄像机，如图 8 所示。目前也可以从许多美国卖家那边购买，比如 eBay 账号为 #181910165487 的卖家。这个 17.3 克的支架式摄像机与常见的无人机摄像机有些不同之处，其最大的区别就是内置充电电池，经过测试，可以运行 30 分钟左右。

图 7　App 的功能

图 8　MD81S 摄像机

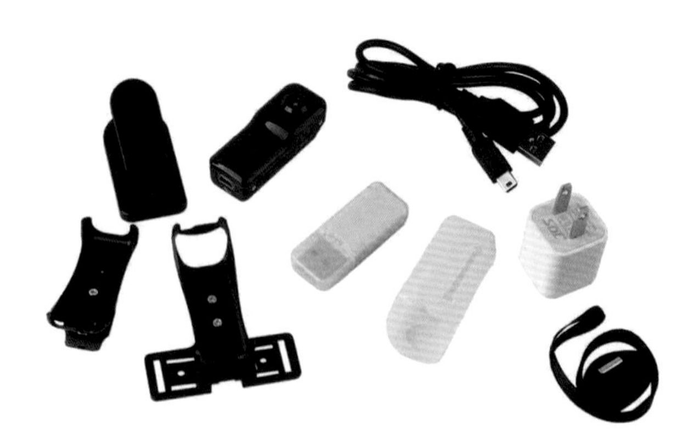

该摄像机拥有安装支架和卡扣，这些安装附件可以使安装更为简便。此外，没有外置的天线所以使整体外观看上去更为简单、整洁，但也会因此缩短通信距离。最后，视频拍摄的质量比无人机摄像机要好。最后，这是一款多用途的摄像机，可用于网络摄像机和摄录机（拥有迷你 SD 卡槽）。在测试过程中，我没有使用这些功能，仅仅通过 Wi-Fi 把视频（音频）发送至我的安卓手机。

在这里我要声明一下，由于我只使用了其中的一款，且手册翻译得并不清楚，在文中我所提到的所有内容都是通过实际测试所得，且只适用于我的设备。 但我相信许多卖家所销售的类似摄像机也都是类似的。

我注意到摄像机功能开关上的标签有一些差异，如图 9 所示。我所用的设备 Wi-Fi 在顶部，HD Video 在底部（由于底部是我实际测试的，所以我敢肯定），而在一些美国卖家的照片中却显示了底部为 Wi-Fi 的标签。尽管标签定义不同，但我确信它始终应处于底部位置。 如果实在不能工作，请再尝试其他设置。 我的 MD81S 顶部有一个蓝色 LED。根据描述，较新的版本在顶部可能会有多个 LED 指示灯。

图 9　相机的标签差异

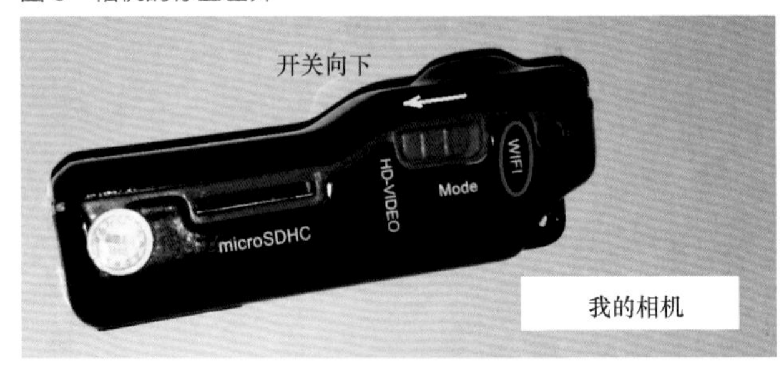

在帮助手册中提到相关的 App 可通过 Google Play 和苹果商店搜索“9527”找到。由于我使用的是安卓手机，可直接去 https://play.google.com/store/apps/details?id=x.p2p.cam&hl=en 或搜索 Yibo Chen 所开发的 p2pCamviewer 来下载。

一开始会觉得界面不是很友好，但实际运行的效果还不错。iPhone 和 iPad 平台的下载地址为 https://itunes.apple.com/us/app/p2pcamviewer/id595047004?mt=8，目前我还没有测试，如果有已经使用过的朋友可以给我一些反馈。以下为我通过测试获得的一些经验：

（1）通过 USB 给摄像机至少充一个小时的电（关机状态），将 USB 线拔掉后即可使用。

（2）无需 micro-SD 卡，确认模式开关已拨到朝着 SD 卡槽方向的最后一挡。

（3）打开电源，蓝色的 LED 会亮 15 秒左右，其次会以两秒一次的频率闪烁 25 秒。当 LED 以 4 秒一次的频率闪烁时表示已经连接上 Wi-Fi 信号了。此时在手机无线网络里选择“MD81S”即可运行 App，其图标为“Plug & Play”。

（4）在登录后点击底部的 LAN 键将会看到摄像机选择列表，用户可以在表面的标签上找到对应的 ID，点击后即可进入在线模式，注意，不要点击蓝色箭头按钮，否则将会进入设置界面。

（5）此时手机中应该显示与图 10 类似的高画质图像，在该截图中也能看到些功能键。该 App 可以将所拍摄的照片和视频放在手机的“Plug2view”文件下，子目录文件名为“Record”。

图 10　p2pCAMVIEWER App 控制

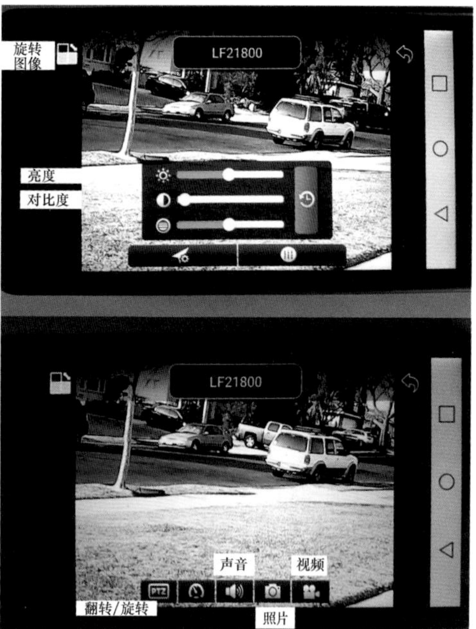

该 App 拥有很多功能（我上传了一个演示视频，其链接为 www.youtube.com/watch?v=Q0xzH3jwPsU）。我发现了一些翻转和旋转的功能，但需要额外付费。如需加入音频，先点击声音按钮，再点击耳机的图标即可。该功能存在几秒的延时，但这是 3 款摄像机中唯一一款可以传送音频的。

总的来看，这款监控摄像机拥有较先进的技术。从我测试的结果来看，它的视频范围相对较短，但其分辨率比无人机摄像机要高很多。我没有将它安装在移动物体上，也没有看到外置电池和天线。此外，许多其他功能我还没有花时间深入研究。我会将相关内容添加到我的待办事项中。

这就是 Wi-Fi 摄像机，价格没那么贵，在市场又拥有较大的潜力。如果您拥有一台智能手机，那么恭喜您已经拥有了一半的硬件系统。技术永远就像一列快速移动的火车，您可以选择可以上车，也可以选择一直在后面追赶。

DIY 机器人：给你一只炫酷的手

Steve Koci 撰文　符鹏飞 译

我们都有一个和其他手指相对的拇指，它可以将我们和其他的动物区分开来；如果你的机器人手上的手指能够如同真人般动作的话，这也可以将你的作品和其他制作区分开来吧。能够控制每个手指独立运动足以开辟出无数种新的可能。

这个看似很小的功能可以极大地提高你的角色的个性，可以给他们一个更加逼真的外观。观众可能并不会注意或意识到这些动作，他们也许只会觉得这个角色是多么真实。但只要看看那些“说话”善用手部动作的人，你很快就会认识到，这些手势给他们的话语增添了不少的意义。

要让我们的机器人给人以假乱真的感觉，我们不仅要在大的身体动作上倾注精力，还需要辅助以更微妙的动作才行，而在手指中引入一些动作就是我们可以实现的方法之一。这些动作不一定要很大，因为即使是很小的动作也会显著增强我们试图创造的可信性。

和创建机器人的时候我们所做的许多方面一样，我们也有很多种不同的选择可以实现这一点。我们将看看几个例子，然后再深入解释一下我在下一个项目中所选择使用的方法。首先，让我们来看一下在你的设计中引入可动作的手指会有哪些优点。

1. 这个功能能够让你获得抓取并举起轻型物体的能力，这将为你的角色的日常行为开辟出很多种可能性。它现在可以更充分地与周边环境进行交互，并能够更多地参与到所处的场景之中。

2. 它可以做出无数种手势：你可以用拳头来表示愤怒；你可以完全张开手指来表示某个声明包括了所有的人；或者，你也可以将它指向观众中的某个人。有无限多的方式，你可以将这种技术融入到机器人的表演之中。花点时间观察你身边的人，看起来他们谈话的时候并不会忘记使用他们的手，请仔细观察他们的手势，你很快就会有很多的想法！

3. 这个设计本身甚至也可以成为一个项目，因为你完全可以创造一个会说手语的手。可编程的手不仅仅是一个很好的工具补充，它也可以成为很有用的教学辅助。对它进行一些改进，你可以设计一个模型来演示手语，这需要对拇指的位置进行一些实验才能得到正确的结果，但应该可以实现。

这值得吗？

如同我们在规划制作东西时所做的一样，我们也会考虑投入产出比。如果你正在评估添加此项动作是否值当，那么有如下几个方面值得考虑：

- 付出的时间和劳动是否显著地增强了角色？

- 投入的预算是否具有成本效益?
- 你是否具备完成这个项目的能力?

这些问题的答案和你想要在场景中实现的详细程度有关。你需要确定机器人和观众的距离是否足够接近，并确保你所想要达到的炫目效果是否能够被完美地展现出来，你应该将它和那些可以给你的投资产生最大影响的项目一起配合实施。

基本要素

我对机械手的要求是轻巧、易于构建（具有现成的部件）、可编程、足够小以能套上手套，而且价格便宜。如同往常一样，这最后一项往往被证明是最难实现的。我可以将场景设计稍微修改一下：让一只手拿着一件物品，只让另一只手活动，我认为这么做的投资性价比最高。我看过的一个版本是使用链条作为手指的，你可以在 http://tinyurl.com/osr8q2z 观看它。

另一种设计采用了木质结构及铰链，你可以在这个网页查看到：http://tinyurl.com/nsvjfd4。这个配置倒是颇为符合我希望其运行的方式，但是重量超过了我的需求。不过不必害怕，毕竟我们已经越来越接近找到正确的解决方案了。

3D 打印的可能性是存在的，但是我们大多数人（也包括我自己）都不能轻易地接触到 3D 打印机，而且 3D 打印版本的价格也会高出很多。不过，这种方式做出的产品实在是太棒了（图 1）！你可以在 http://tinyurl.com/q3arhyh 看看我的作品。当我最终搞到一台 3D 打印机的时候，我知道这下我可有东西做了！

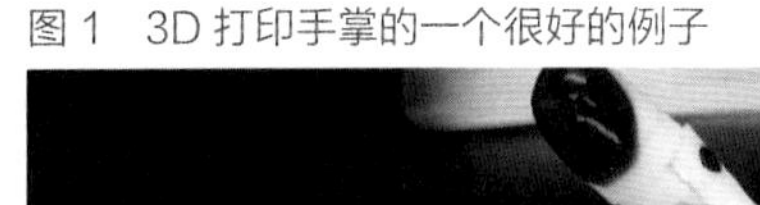

图 1　3D 打印手掌的一个很好的例子

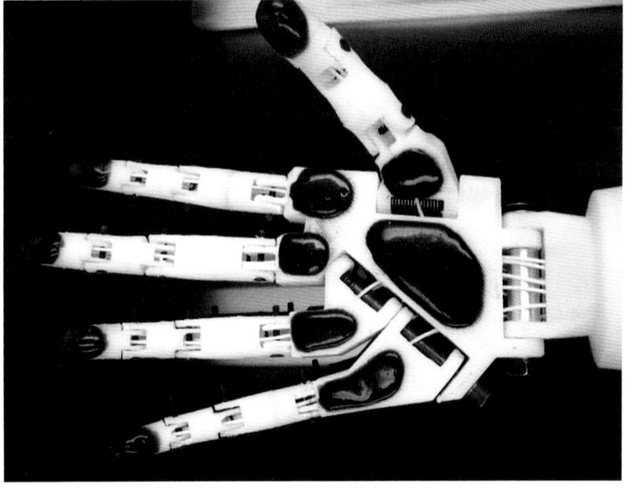

经过大量的研究，似乎最符合我的需求的设计是按照 Brian Lincoln 的作品风格来进行制作。他使用的很多技术都在 Stan Winston School of Character Arts 推出的精美教学视频中有所展示，如果你还没有看过这些视频，请务必去访问“参考资源”列表中的链接。他们的系列视频中包含了所有创客都感兴趣的话题，具有丰富的知识性。

参考资源

Brian 的制作论坛主题——http://tinyurl.com/qcyld2q

Stan Winston School of Character Arts——http://tinyurl.com/pwf7xg6

系一个 Palomar 结——http://tinyurl.com/nahcyhl
反转伺服旋转的视频——http://tinyurl.com/o2drkfw
Adafruit 柔性条状传感器——http://tinyurl.com/oorlpwc
ServoCity 伺服记录 / 回放控制器——http://tinyurl.com/qd5hm7b
我的 YouTube 频道——http://tinyurl.com/nma2doj
我的网站——http://tinyurl.com/pte8efs

我的设计在几个方面相比 Brian 的做了一些改动：我使用的是 Hitec HS-81 伺服马达以及来自于 ServoCity 的 25.4mm 滑轮。为了节省时间，我没有自己制作滑轮，而是使用了商用的产品。

我也使用了 15.9mm 管代替 Brian 使用的 12.7mm 管，这样可以让手指稍微大一点，否则手指会在手套中滑动，这样我在套上手套的时候就必须再添加填充物才行。

手的解剖

手掌板

手掌板可以使用你手头上的任何材料进行切割，对于这样的小项目我总是选择中密度纤维板（MDF，mediumdensity fibreboard），这种材料很容易处理，随时都可以使用，而且与螺丝的结合度也很好。你可以使用埋头钻帮助螺丝更好地拧入，以避免木材变形。此外，如果作品有可能暴露在潮湿的环境中的话，一定要对其进行表面防护处理，否则木材受潮会膨胀。

伺服马达

这个项目由于其自身尺寸较小，因而选择了微型伺服，这种伺服可以允许我们将全部五个伺服都安装到手掌板上。Hitec 的 HS-81 型号可以在 4.8V 供电的情况下提供 0.2527 N · M 的扭矩，足以满足我们的需求。

尼龙管

尼龙管可以在大多数主流大型五金店中买到，并有各种尺寸可选，你可以从中选择和你的作品最匹配的尺寸。尼龙管买来时通常是松松的一卷，并且会保持这个形状。你可以使用吹风机或热风枪对它加热，并使其变直。我将尼龙管的切口穿在销钉上，将其加热直至其变柔软，然后再将它们自然放凉。

Spiderwire 编织钓鱼线

每当我组装需要细线的项目时，我的第一选择总是类似 Spiderwire 这样的编织钓鱼线。它有很多优点，包括强度高、直径小、几乎不会拉伸以及非常柔软等。不过，你可能很难切断它，最好使用剪刀剪断。此外，打一个好结也很重要，Palomar 结是一个很好的选择（参见“参考资料”部分中的链接，了解关于 Palomar 结的详细信息）。当打好结后，如果线比较滑，可以在末端留一个小东西以防止其松开，将一滴超级胶水滴到打好的结上可以增加安全性。

伺服臂

Brian 想出了一个创造性的方法来增加伺服通过 Spinderwire 拉拽的最大距离，他发现，如果使用一个圆盘而不是直臂的话，当圆的周长大于伺服臂的拉动长度时，就会有更多的线被拉动，而这可以让手指比使用标准伺服臂时有更多的移动。

他使用了车出来的一个配件替代了通常的伺服臂，并组装出自己的滑轮，在他的论坛主题中，他对制作进程做了详尽的介绍。我一直想找到一个现成的版本来用，我会尝试一些在 ServoCity 上可以买到的滑轮。

手套

如果你不能将运动部分隐藏起来的话，设计再精良的手也不会有太大用处。在通常情况下，某些类型的覆盖是必需的，除非这是一个蒸汽朋克风格的设计，在这种情况下，或许你反而需要突出展示这些机械部件。

Brian 使用液体乳胶和他自己的手做了一个手套，然后他用这个手套套在部件的外面（图 2）。而我则买了一套可以和我的机器人一起工作的道具手套。

虽然覆盖运动机构是这个过程的最后一步，但你需要在开始构建手之前就决定覆盖物。我们绘制的布局模板需要使用它作为指导，以确保当我们完成产品后能够将手套套上去。

图 2　Brian 手的乳胶复制品

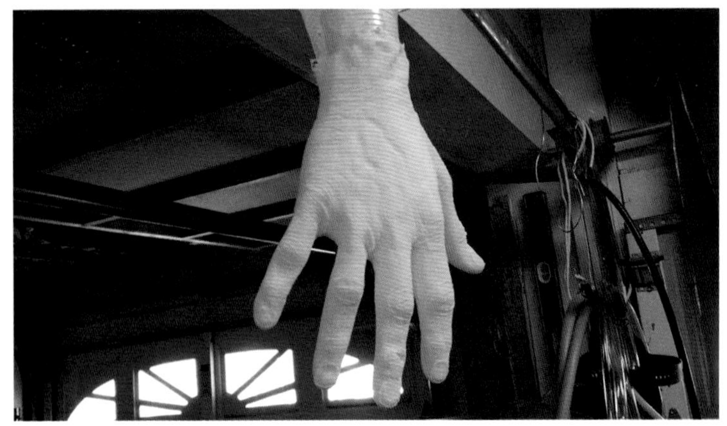

你可能会发现，将一些泡沫或其他材料添加到手套中的手掌板上会有助于手的塑形，这样可以提供更加逼真的外观。你可以在 http://tinyurl.com/qcyld2q 找到 Brian 的论坛主题的链接。

我们是这样制作的！

现在你已经组装好了必要的部件，下面可以开始正式构建了。我们首先使用手套为参考制作一个模板，并在模板上标出轮廓和关节的位置。

当你做好了满意的模板之后，将模板的手掌部分放置在你选择的材料上，然后切割出形状。根据手套的伸展程度，你可能希望切割出的手掌要比轮廓线稍小一点，以便在往手套中安装部件时略有余量（图 3）。

图 3　即将用于装配的手掌板

现在是时候拿起伺服马达并开始将它们安装到手掌的相应位置上了。Brian 能够将他所有的伺服都安装在手掌板前部，并排成一排。但是你可能需要根据具体的手的大小调整一下布局，如果交替布置能更好地装入到手套中的话，也可以这样布置伺服，你可以尝试各种组合以发现最适合你的需求的布置方式（图 4 和图 5）。

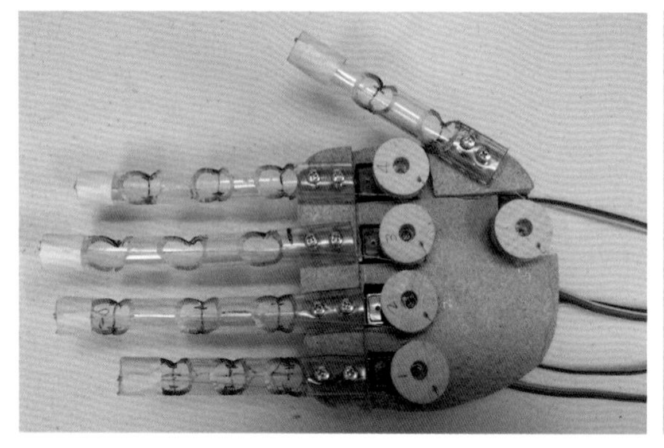

图 4　完成的机构的顶视图

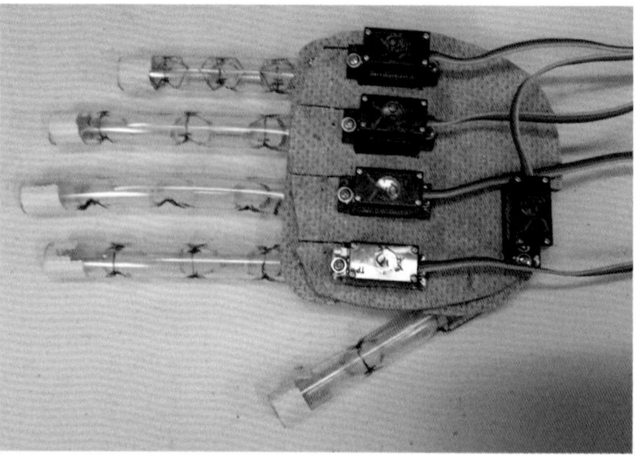

图 5　背部的伺服布局

你可能发现需要让一个或多个伺服反转才能将其全部都装进手掌板。这可以通过几种不同的方式来实现：可以从物理上修改伺服马达（参见“参考资料”），或者也可以购买一个廉价的伺服反向器。

如果你对伺服的位置感到满意，下一步就可以对手掌板进行标记并开始切割了。我首先钻了一个方便切割的孔，然后使用钢丝锯开始切割。不过中密度纤维板很容易加工，所以不妨使用自己的有效方式来处理。

接下来，我们将注意力转向尼龙管，首先切割关节处的 V 形槽，你可以尝试不同深度的槽口以获得你最满意的动作，Brian 发现如果留下 9mm 左右的材料可以获得刚性和柔性的最佳组合（图 6）。

然后使用两个螺钉将手指安装在手掌板上，这些螺钉固定的时候应该将它们朝向正确的方向，安装后手指不应移动，手指安装时凹口朝上。

最后，我们将 Spiderwire 钓鱼线连接到安装在伺服上的滑轮之上，并将其穿过相应的手指。在手指的顶端钻一个小孔，将 Spiderwire 固定在适当的位置。因为 Spiderwire 无法拉伸，使用的线长刚好足以让手指平伸在展开位置即可（图 7）。

图 6　准备切割用作手指的尼龙管

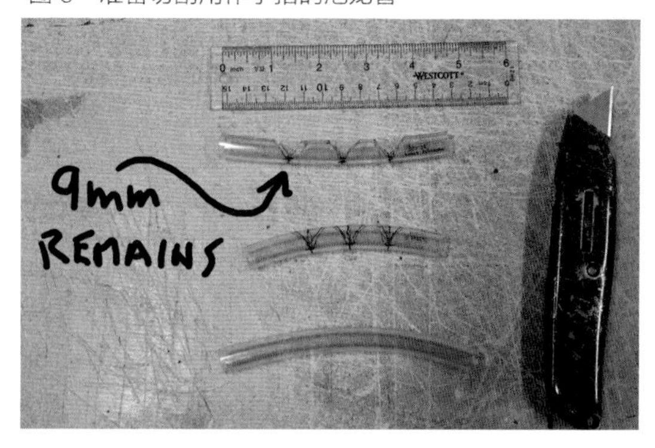

让它动起来吧！

Parallax 公司的 Activity Board 可以记录多达八路输出的运动，为了用一个板就能控制手的所有运动，我们将小指和无名指的运动都合并到同一个通道上。我们曾经多次使用这个系统控制角色的身体动作（图 8）。

我打算在制作手的时候尝试在手套上使用柔性条状传感器（图 9），它可以提供一种快速准确的记录所需动作的方法（参见“参考资料”）。

图 7　完美的布置安装

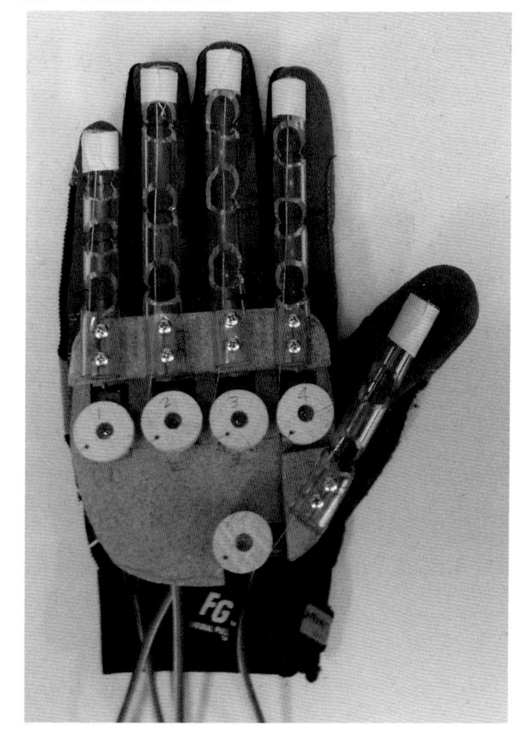

图 8　Propeller Activity Board 控制手部动作

图 9　柔性条状传感器将简化编程工作

另一种选择是使用具有记录功能的伺服控制器，如 ServoCity（参考资料中有）提供的产品。这个伺服控制器可以记录多达四个伺服的动作，然后再现该动作。正如在使用 Parallax 板控制手部所有动作时一样，你需要合并小指和无名指的伺服控制。

成功唾“手”可得

我要感谢 Brian Lincoln 所做的种种努力，正是他赋予了这个项目生命。他的文档给了任何尝试制作此类项目的人完整的、极大的帮助，此外，Brian 还友好地提供了许多你在本文中所看到的制作照片。

制作这个手的过程（它将被纳入一个更大的项目中）既有趣又有益。当我们开始着手这样一个雄心勃勃的项目时，首先需要的是将其分解成较小的可实现的各个步骤。而成功地完成这些小型的项目，可以让我们一直保持高度的兴趣而又充满热情，这将导致我们最终完成最后的目标。保持积极性是其中的关键！

所以，请好好地准备露一“手”，并照着做一个出来！事不宜迟，赶紧前往你附近的商店里开始采购吧。如果你决定要自己做一个的话，不妨将它发布到 http://tinyurl.com/qjeehjs 的论坛上，这样我们就都能够欣赏你的“手”工了！

无反向传播（BP 算法）的神经网络控制机器人

John Blankenship 撰文　符鹏飞 译

动物的大脑具有并行处理的能力，其通常的编程方式是通过与周边环境进行交互来完成的。本文介绍了人造神经网络控制机器人的方法，更为重要的是，本文还进一步探讨了通过应用动物采用的技术让机器人学习的方法。

有机神经网络

动物的大脑（至少在简化模型中）由导电通路和突触彼此连接形成的神经元网络组成，当网络中的神经元激发时，其产生的电信号向下流经突触及相关联的神经元。当突触接收到信号时，它们通过化学方式促进或抑制其神经元的激发，如果神经元收到的促进信号多于抑制信号，它就会激发并发送信号到更多的神经元。这个过程所得到的网络模式可以看做是一个简单的记忆过程：有机网络可以通过试错过程来学习。例如，婴儿可以尝试随意的运动来学会控制肌体。有机学习是在动物重复采取行动的过程中完成的，因为突触的反复激发实际上可以让它在今后更容易激发。我们经常用重复来记忆东西，例如，我们重复一个电话号码或某人的名字，以便将它铭记于心。

动物的外部知觉（触觉、视觉、嗅觉等）可以作为神经网络的输入，这些信号通过网络向前传播，并根据生物体的当前记忆创建各种模式。最终，这些信号产生了一种可以激活生物体的肌肉和其他活动的输出模式。

人工神经网络

我们可以使用软件创造的人工神经网络（ANN，Artificial neural networks）来模拟有机脑的并行处理。ANN 已经被证明对于许多情况都具有价值 —— 特别是那些涉及输入变量之间的关系具有难以描述的乘积因素的时候，这使得开发用于解决问题的算法较为困难（如果不是无法解决的话）。

图 1 显示的是 10 个神经元（分别标记为 A 到 J）组成的一个小型 ANN 网络，它的第一层提供了网络的输入，最后一层是输出，在这两层之间是隐藏层（可以有多个隐藏层）。图 1 表明，即使是处理再微不足道的问题，至少也要有一个隐藏层，它是必不可少的。

图 1　10 个神经元组成的一个小型 ANN 网络

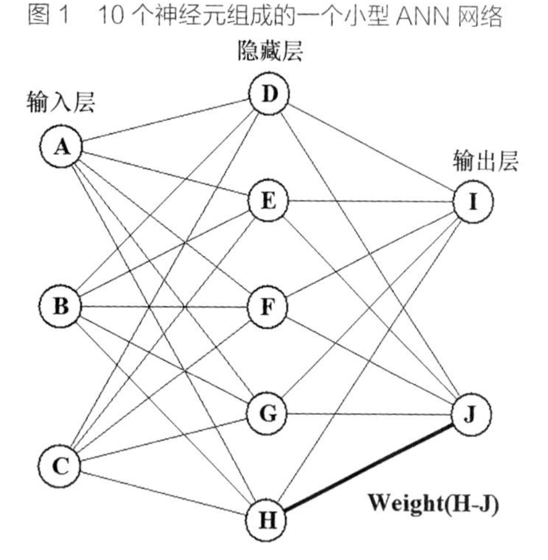

请注意，每层中的每个神经元都连接到下一层中的每个神经元，这些连接中的每个都会被分配一个权重，该权重用于模拟有机突触的激发倾向。注意，图 1 中有一个连接相对其他连接使用了粗体突出显示，因为它连接的是神经元 H 和神经元 J，我们可以将该连接的权重称为 Weight(H−J)。让我们来看看这些权重是如何通过网络控制信号传播的。

以下内容为本主题的简化讨论，对数学有更深兴趣的读者可以使用互联网搜索以获取更多的细节。如果我们假设图 1 中的输入神经元 A、B 和 C 的值分别为 1、0 和 1，施加到神经元 D 的信号的值将是输入层的每个神经元的值与连接路径的权重值的乘积之和。这意味着示例中的神经元 D 的总输入为 Weight(A−D)+Weight(C−D)。如果这个总和超过了某一个阈值，则神经元 D 的值将是 1，该值将被传播到输出层神经元，基于相关连接路径的权重进行传播。

训练人工网络

人工网络的权重通常通过称为反向传播的训练过程建立。在训练期间，对网络应用某种输入模式，并将输出模式与期望结果进行比较，输出层的错误可以反射回隐藏层，进而返回到输入层。通过这种反向过程，可以根据误差梯度的斜率来调整单个的权重，从而纠正输出层错误。如果有足够的输入和预期输出的样本，则可以一次又一次地使用它们（调整每条通路的权重），直至网络如预期响应。

仅仅是理解这些运作过程所需要的数学就相当复杂，实际的实现当然更是远不止如此。然而，使用反向传播训练网络所需的乘积因子可能比我们所想的更为重要，尤其是在有很多输入模式的时候更是如此。在 20 世纪 90 年代初期，我攻读 ANN 相关的研究生课程时，我向教授提出，动物显然不会使用数学算法来组织它们的大脑，人造网络也应该像新生动物使用随机动作进行学习一样，使用随机的权重变化进行训练。

但是教授认为，随机的权重变化永远不会有效，这促使我想创建一个项目来证明他的错误。我创建了一个 ANN 网络，它的输入是数字 0 ~ 9 的低分辨率图片。该网络有 10 个输出，在理想情况下，它应该能够正确识别所呈现的图片（即使该图片被扭曲）。出于比较的目的，我使用反向传播和随机加权训练了相同的网络，结果该项目表明，网络确实可以通过简单地对权重进行微小的随机改变来学习，并且只保留产生期望结果的变化。当使用随机训练时，每个新输入的变化确实会降低之前所学习的材料的效果，但是如果以随机顺序重复足够多的次数的话，这种降低将会被减弱（正如其在动物中一样）。

最近（当就神经网络回答机器人爱好者的一些问题时），我决定再次证明一下我的观点，但是这次我想使用 ANN 来控制机器人的运动。如果我使用一个真正的机器人，我知道仅仅学习过程可能就需要好几天，甚至几周或者数月才能让它学会。基于这个原因，我决定采用 RobotBASIC 的模拟机器人。这意味着模拟可以在无人值守的情况下运行数小时，我也可以轻松地根据需要创建并控制环境。

程序

为了证明机器人能够学习不同的东西，我使用了图 2 所示的环境。注意，图 2 中包含了许多线及几个椭圆，我可以创建一个 ANN 程序来教机器人沿着线或贴着墙走。模拟机器人的行传感器用于巡线，而测距传感器则用来让其侦测墙。例如，当学习巡线行走时，机器人的 3 个行传感器实际上成为了图 1 中所示的输入层，而输出层中的两个神经元的值将导致机器人左转或右转（好奇心将总是导致机器人往前走）。

图 2　使用 RobotBASIC 创建的模拟环境

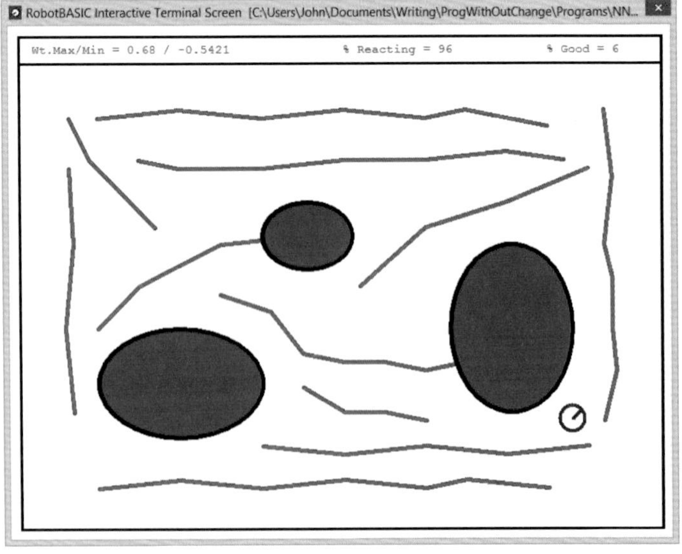

核心代码参见程序清单。一个 While 循环持续地检查相应的传感器是否有效。如果有效，机器人就会尝试使用当前的数值进行响应：它计算前向传播值，然后执行输出层所指示的动作（在程序中调用子程序），从而完成响应。如果动作的结果解读为 GOOD，则可以加强该权重（如果需要）；如果动作的结果认为是 NOT GOOD，则机器人会执行相反的动作（因此它可以使用相同的传感器输入尝试一些新的东西），并尝试一些随机权重来看看是否可以获得 GOOD 的结果。

程序清单

```
Main:
  while TRUE
    gosub CheckForSensoryInput
    // only try to learn if appropriate senses
    // are active
    if SensoryInput
      gosub ForwardProp
      gosub PerformActions
      gosub CheckGood
      if Good
        gosub ReenforceWts
      else
        // current knowledge is not working - so
        // try to learn
        gosub ReverseActions // prepare to try
                             // again
        for try=1 to MaxTries // try random
                              // operations
          gosub CreateDeltaWeights
          // adds to current weights
          gosub ForwardProp
          gosub PerformActions
          gosub CheckGood
          if not Good
            gosub ForgetChanges
            gosub ReverseActions
          else
            // keeps random changes because they
            // worked
            gosub ReenforceWts
            break
          endif
```

```
        next
      endif
    endif
    // nothing has worked so let genetic
    // curiosity take over
    if not Good
      // move randomly trying to trigger sensors
      R = Random(100)
      if R>90 then rTurn -1*(Random(15)+5)
      if R<10 then rTurn Random(15)+5
      if not (rBumper()&4) then rForward 1
      gosub AvoidPain
    endif
  wend
end
```

为了创建随机的权重，程序中有个子程序使用随机数创建了一个数组，随机数的最大大小和要更改的权重百分比由预设参数控制。在将这些权重加入到现有权重之后，可以通过正向传播和指示要执行的动作来计算输出。如果动作产生的结果被认为是 NOT GOOD，则该权重会被忘记（仅仅是移除我们对权重的修改），并且机器人回到其原始位置，以便可以尝试一组新的随机更改值。

其实，并没有必要让机器人重新移动回原来的位置进行新的尝试，不过这么做可以让任意输入所能遇到的组合都可以进行多次尝试，这可以大大加快学习过程的速度。如果所有的随机尝试都没有产生 GOOD 结果，则机器人会随机移动，并尝试找到一些新的感知位置。考虑到这也是天生的好奇心的一种形式，为了防止碰撞错误，程序也赋予了机器人天生的避免疼痛的本能（当有物体堵住前路的时候会后退），这和婴儿天生会从热的炉子或尖锐的物体上缩手的本能并无不同。

判断 Good 的标准

程序的一个重要的部分是机器人如何判断一个动作是 GOOD 或 NOT GOOD 的。当然，你可以尝试各种各样的方法，但是我的程序（在学习追踪直线时）只需要动作结果可以导致至少有一个行传感器检测到一条直线，此时就会将该动作视作 GOOD；当它在学习沿着墙壁行走时，只要其结果会导致机器人位于其左侧某个椭圆墙的指定范围内，该动作就会被视作 GOOD。这些简单的标准控制着学习过程，很重要的一点是，并没有什么算法或内在的过程会告诉机器人应该做什么或如何去做。

程序运行之后，它会让你指定是否让程序学习贴墙行走或沿线行走。由于机器人能够对任何指定的传感器输入多次尝试并学会合适的动作，所以机器人的学习速度令人印象深刻：仅仅几分钟后就表现得相当不错，并且在一小时后会表现得非常好。

不够完美之处

重要的是你应该意识到机器人通常并不会完美无瑕地运行，因为当遇到一些新的环境时，它需要周期性地尝试一些新的随机权重。一般来说，尽管你会看到一个受过训练的机器人仅需几秒钟就可以从环境变化中恢复（因为它此时所应用的权重已经重新变得适宜），但这些动作通常会使机器人看起来有点神经质或显得无所事事，它或许会在巡线运动时突然没有任何明显的理由就停了下来，只不过几乎会立即再次开始行程。

显然，这意味着如果你希望机器人从不犯任何错误，那么你就不应该考虑使用ANN来控制机器人。不过，如果你想创造的是一个行为更像生物的机器人，那么这种方法值得考虑。当然，当你意识到实际上并不存在任何控制机器人的算法，你可能会觉得这种方法有点让人望而却步。实际上，和任何神经网络方式一样，控制完全不会出现在你的视野之中。

实验你自己的机器人

我的程序不应该被看作是最终的解决方案，相反，希望继续探讨本文中所提出观点的人们能够将其作为一个有益的起点。想要这么做的读者可以从 RobotBASIC.org 网站的 IN THE NEWS 选项卡下下载到完整的程序，该程序可以在 RobotBASIC 环境（也可以从 RobotBASIC.org 免费获取）下运行。这个程序的设计目的是让你能够轻松地进行修改，比如每层神经元的数目、构成 GOOD 行为的标准、权值随机变化的大小和范围以及机器人应为当前的感知状态所进行新的尝试的次数等，对以上参数进行修改可以看作是对进化过程的加速。该程序的注释很不错，所以你甚至可以通过完全重写一些子程序以给它带来激动人心的改变。

作为一个建议，你可以按照这种方式修改程序：让机器人可以根据其内部需求来学习巡线行走或贴墙行走，沿着线走可以减少机器人的饥饿需求，贴着墙走可以降低无聊感。当表示饥饿或无聊的计数值超过特定阈值时，输入层的神经元可以被设置为表示内部（生物）需求。这样可以让机器人学习的不仅仅是沿着线或贴着墙运动，这种行为同时还可以满足自己的内在欲望[①]。

① 实际上等于是在 ANN 的输入层除了那些传感器输入之外，增加了饥饿值和无聊值两个输入。

05 制作树莓派机器人（第一篇）

William Henning 撰文　荣耀　荣珅 译

第一部分　树莓派机器人套件

自树莓派发布以来，我就意识到自己想制作一个远比基于微控制器的机器人更强大的机器人。是的，制作一个具有5M像素摄像头并支持Wi-Fi连接的低成本机器人的主意太具有诱惑力了，让人难以抗拒。我制作的第一个基于树莓派的机器人是SPRITE。自那以后，我又设计了RoboPi和PiDroidAlpha这两款树莓派机器人控制器。自然而然，这导致更多的树莓派机器人在我的房前屋后撒欢。由于树莓派机器人让我乐在其中，由己及人，我认为其他人也会对此感兴趣，也许希望能有一个入门指南和常见问题解答。那么，就让我们开始吧！

树莓派机器人调研

我认为讨论树莓派机器人最好从浏览和比较目前在售的树莓派机器人开始。

我只考虑目前在售的机器人，并且确实安装有树莓派。树莓派机器人的重点在于它具有强大的计算处理能力和板载摄像头支持。

以下清单并不全面，只不过它们比较热门或者在我看起来物有所值罢了。

树莓派机器人套件

请注意，下列套件本身并不包含树莓派或摄像头，你可能还需要另外购买充电电池以及其他附件。请参阅套件产品网页以确定它们具体包含哪些东西。

第1代的树莓派主板没有任何安装孔，因此不容易安装在任何机器人底盘上。

套件比较

在以下列出的套件中，目前最价廉物美的莫过于Dawn机器人套件。遗憾的是，Dawn机器人套件即将停售，我相信其他物有所值的套件很快就会填补市场空白。

Ryantek和PiCy套件更便宜些，但它们不包含任何模拟输入或5V I/O引脚，这两个因素都会为你的机器人制作增加额外的成本和难度。

GoPiGo基础套件看上去挺诱人的，它的集成度更高，提供了轮型编码器，但其价格比

CameraBot 高出近 50%。

DiddyBorg 是这个机器人套件清单中最酷的，不过它的价格也是最高的。和 Ryantek 和 PiCi 一样，DiddyBorg 也需要配置额外的 5V 模拟输入和数字 I/O 扩展板。如果我遗漏了你钟爱的树莓派机器人套件，欢迎将其网页链接发给我（bill@mikronauts.com）。

GoPiGo 机器人基础套件

- 两驱底盘，带有适配任意版本树莓派的控制器或驱动板，文档齐全，教程丰富。
- 起价为 89.99 美元，包装运输费另计。
- 详见 www.dexterindustries.com/shop/gopigo-kit。
- 该套件的电池盒可以同时给树莓派和电机供电。套件本身包含一些传感器和两路模拟输入。你可能需要另外准备一些传感器。当然了，你还得有一个树莓派。

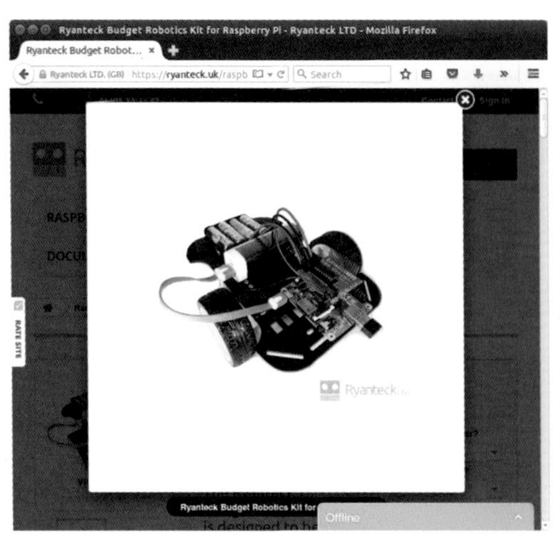

Ryanteck 廉价树莓派机器人套件

- 简单实惠。
- 单层两驱底盘和电机驱动板。
- 约 33 美元起。
- 详　见：https://ryanteck.uk/raspberry-pi/45-ryanteck-budget- robotics-kit-for-raspberry-pi-620979161726.html。
- 在这个清单中，这款机器人套件最便宜。
- 需另备一个树莓派、USB 电源和一些传感器。

PiCy 树莓派机器人

- 这是一款非常实惠的小型两驱机器人，支持树莓派 A 型和 B 型板。
- 起价约 50 美元，另加包装运输费。
- 详见：www.piborg.org/picypack。
- 这是此清单中最小的机器人，它不带电池盒，靠 USB 电源供电（如图所示）。需另备树莓派、传感器和 USB 电源。

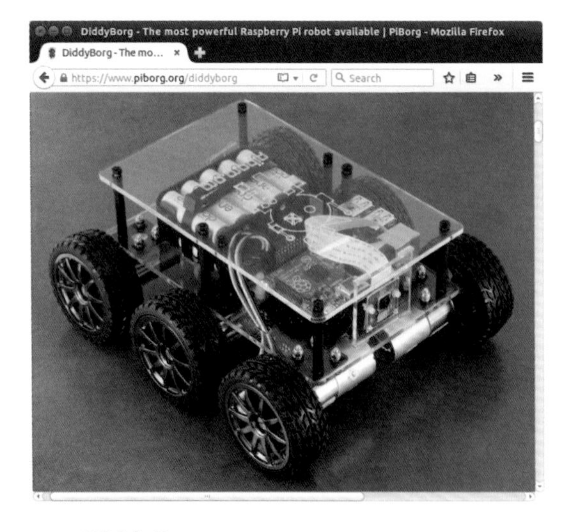

DiddyBorg

- 六驱底盘，带有 5A 电机控制器，支持任何具有安装孔的树莓派（树莓派 A / B、A + / B + / 2）。
- 起价约为 270 美元，物流费另计。
- 详见：www.piborg.org/diddyborg。
- 需另备树莓派、摄像头和传感器以完成此机器人套件的组装。无需外接 USB 电源。

树莓派摄像头机器人底盘套件

- 这款套件基于流行的 Dagu 两驱底盘，包含 Dagu 云台套件以及 Arduino Mini 驱动板。
- 起价约为 62 美元。
- 详　见：www.dawnrobotics.co.uk/raspberry-pi-camerarobot-chassis-bundle。
- 需另备树莓派、支持树莓派的摄像头、USB 电源和传感器。

表 1　基本套件比较

	Ryantek	PiCy	CameraBot	GoPiGo	DiddyBorg
底盘	2WD	2WD	2WD	2WD	6WD
层数	1	1	2	2	2
电机驱动器	SN754410NL	FETs	Dagu Mini	SN754410NL	3xPicoBorg
电机类型	减速电机	减速电机	减速电机	减速电机	减速电机
电机电池	4 节 5 号电池	2 节 5 号电池	6 节 5 号电池	6 节 5 号电池	10 节 5 号电池
树莓派电池					
UBEC 5V			包含		DC-DC equiv
MCU			Arduino *①	Arduino *①	
I^2C				1	
模拟输入			6	4	
数字 I/O			9	3	
串口				1	
轮型编码器				2	
LED			1	2	
云台套件			包含		
装配指南	有	有	有	有	有
教程	有	有	有	有	有
代码示例	有	有	有	有	有
论坛		有	有	有	有
树莓派型号	A/B/A+/B+	A/B	B rev2/B+/2	A/B/A+/B+/2	A/B/A+/B+/2
起步价（美元）	$33.00	$50.00	$62.00	$90.00	$270.00
起步价（英镑）	£22.00	£33.00	£41.00	£60.00	£180.00

*① 控制器 / 驱动器板包括一个兼容 arduino 的 AVR 微控制器

如果不想使用机器人套件怎么办?

没错，你可以通过借鉴网上的树莓派机器人项目制作自己的机器人。不妨浏览以下基于树莓派的机器人项目的链接。

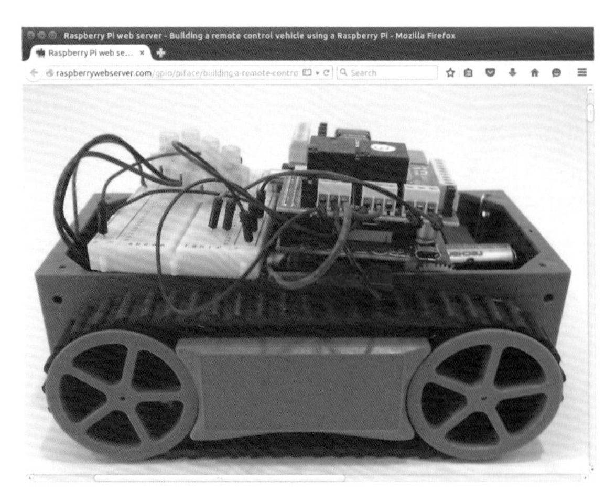

使用树莓派制作遥控小车

· 该项目采用一个小型坦克底盘和树莓派扩展板制作小型遥控坦克式机器人。

· 详 见：http://raspberrywebserver.com/gpio/piface/building-a-remote-control-vehicle-using-a-raspberrypi.html。

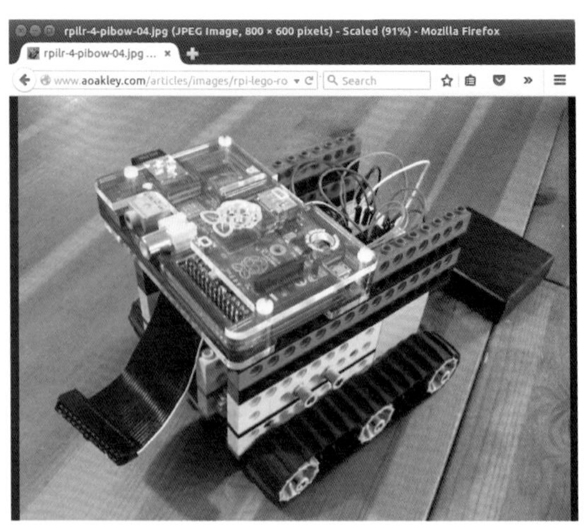

如何制作一个树莓派乐高机器人：第 1 部分

· 安德鲁 · 奥克利为其乐高树莓派机器人项目做了个网页，提供了详细的制作说明。

· 详 见：www.aoakley.com/articles/2013-09-19-raspberry-pi-lego-robot-par t1.php。

DoodleBorg

· 超大（长宽高约为 76 厘米、69 厘米和 38 厘米，重约 65 千克）六驱底盘，配备 6 个 350W 电机，每个电机带有独立的电机驱动器（之前我以为自己用的 Thumper 六驱底盘已经很大了）。

· 详见：www.piborg.org/doodleborg。

· 我喜欢这个怪兽项目（糟糕的是，我老婆说它对于我们的房子和院子而言太大了）。（提醒自己：争取早日换大房子大院子）

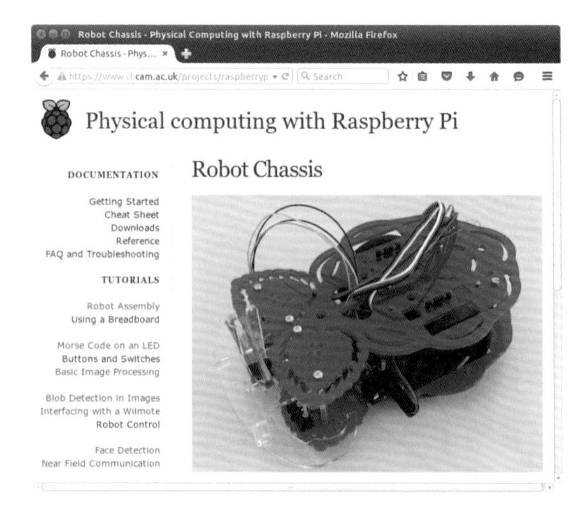

机器人控制

· 一个定制的激光切割的底盘和控制器（来自英国剑桥大学）。

· 我发自内心地喜欢这款激光切割树莓形状的底盘！

· 可以到它的官网上下载底盘图案文件、装配指南以及一些教程。

· 详 见：www.cl.cam.ac.uk/projects/raspberrypi/tutorials/robot/robot_control。

小精灵两驱树莓派机器人

- 基于 Magician 两驱底盘具有 Wi-Fi 和树莓派摄像头的机器人，配置有 RoboPi 和 L9110S 驱动模块。
- 详　见：www.mikronauts.com/robot-zoo/elf-2wd-pi-robot。
- 没错，这是我制作的机器人之一！
- 可以到官网上找到完整的零件清单和装配说明。

如果不想借鉴现有的机器人项目怎么办？

我很高兴你问这个问题！ 接下来，我将介绍如何从头做一个 DIY 机器人。

第二部分　机器人底盘

前面，我们浏览了目前市场上一些树莓派机器人套件，以及一些树莓派机器人项目。希望这能让你对可获得的套件有个初步的印象，如果你想制作自己的树莓派机器人，你还需要问自己一些问题。这里将探讨这些问题，也会讨论一些热门机器人底盘的优缺点。让我们从需要自问的问题开始吧！

你的总预算是多少？

让我们面对现实。 我们都喜欢 R2-D2、K-9、Dalek 和 Cylon 底盘，如果不行的话，一个大型 Mech 也挺棒的。

遗憾的是，它们超出了我们大多数人的预算（即使不存在制作技术上的障碍）。

始终牢记你的预算。毕竟，如果你只有 100 美元的机器人预算，就不可能买到哪怕自己特别想要的六驱底盘（需 250 美元以上）。

你想制作什么样的机器人？

你需要决定是否想制作一个：

（1）行走机器人（2/4/6/8足）。

（2）基于伺服电机（两驱）还是减速电机（两驱/四驱/六驱）的轮式机器人。

（3）履带机器人。

你还需清楚自己要构建的机器人的尺寸，因为需要购买马力足够大的电动机让机器人动起来。

友情提示：购买明显超过驱动底盘需求的电动机是浪费行为。

使用机器人套件？ 借鉴现有的项目？ 自己从头做起？

关于获得包含组装说明、教程、示例代码以及可能的支持论坛的机器人套件，我们已经说了很多了。如果你不是一个机械、电子和编程粉丝，最好的选择就是购买现成的套件。

如果你有冒险精神，市面上有很多底盘、电机驱动器、舵机控制器、传感器以及更多的东西可供选择。你可以随心所欲地选择，不过可能你东拼西凑的东西无法很好地协作。遵循现有项目的操作指南无疑大有助益，然而，在节省了费用的同时，无法获得套件所提供的完善的技术支持。

如果你经验老道，则无需购买底盘，你完全可以自己做一个！

你不太可能自己制造电动机和车轮，这类东西有很多现成的选择。

量力而行！

要有自知之明。如果你是新手，我建议购买廉价的两驱轮式或履带式底盘。行走机器人对新手来说有点困难。

热门机器人底盘

我编制了一个机器人底盘清单，相信它们对于新手来说是很好的选择。至于哪一款对你最合适，要视你的预算和想要做什么样的机器人而定。

Dagu Magician 两驱底盘

详见：www.mikronauts.com/robot-zoo/elf-2wd-pi-robot。

你可以花大约 20 美元（物流费另算）从许多卖家那里购买到一个 Dagu Magician 两驱底盘。Magician 两驱底盘可以使用价格低廉的电机驱动器驱动，例如基于 L9110S、L293D 或 L298N 的驱动模块，售价从 5 美元到 25 美元（物流费另算）。

对于 Magician 两驱底盘而言，我发现价格超低的 L9110S 模块足够用了，基于 L293D 的驱动器则更好。如果你故意将电动机卡死一段时间，那么 L9910S 模块可能会被烧掉。我为自己的两驱精灵（Elf）机器人配备了 B 型树莓派，通过一个 USB 电源为其供电。

RoboPi 将一个 100 MHz 的 8 核 32 位微控制器添加到树莓派，以摆脱硬实时 I / O，从而提供比在树莓派上运行的 Linux 更精确的时序控制。

基于 Magician 的两驱树莓派机器人，带有 RoboPi 控制器和 L9110S 电机驱动器

电动机由单独的 4 节 5 号电池组供电。我打算在合适的时候换成 6 节 5 号镍氢电池，让机器人跑得更快些。我使用这些 Magician 两驱底盘作为 RoboPi 和 PiDroidAlpha（我的两个树莓派机器人控制器产品）的软件开发测试平台。

对于四驱 Magician，我建议使用基于 L298N 的模块，每个通道两个电动机。你可以使用每个通道两个电动机的 L293D 模块，但如果电动机长时间卡死的话，可能会烧坏 L293D 模块。

你也可以从很多卖家那里买到 Dagu Magician 四驱底盘，价格约为 5 美元到 10 多美元，不过，它需要更强大的电动机驱动器，因为它有四个而不是两个电动机。

优点：价格非常实惠，底盘平台尺寸大，方便安装控制器和传感器。

缺点：控制不太精确，需要编码器或罗盘的配合才能精确控制行进姿态。

带编码器的 Dagu Rover 5 两驱底盘

详见：www.mikronauts.com/robot-zoo/roboprop。

带有编码器的 Dagu Rover 5 两驱底盘的售价为 50 美元（外加物流费用）。Rover 5 是我最喜欢的多用途机器人底盘之一，我的实验室中有好几个两驱和四驱 Rover 5 底盘。履带提供了较好的牵引力（要正确安装，否则会脱落），内置的高分辨率编码器可以让你直接精准地控制小车

的行进姿态。

电动机需要比 Magician 小型减速电动机和 Parallax Boe Bot 伺服电动机（见下一小节）更大的电源，不过它物有所值。我通常为两驱 Rover 配置一个 L298N 驱动器模块，为四驱 Rover 配置两个 L298N 驱动器模块。

Rover 5 两驱底盘，配有我于 2011 年设计的 RoboProp 控制器。

你在机器人上看到的控制器板是 RoboProp，这是我设计的一款旧产品，它是一个具有板载 L298N 电机驱动器和 USB 接口的独立机器人控制板。

RoboPi 是 RoboProp 的换代产品。RoboProp 是一款高级机器人控制板，集成了 L298 全 H 桥，可用于驱动两台直流电机。

优点：底盘尺寸大，胎面具有更好的牵引力，配有高分辨率编码器。

缺点：因为底盘大，所以需要更大的电源。

与 Magician 一样，你可以花费 10 美元到 20 多美元买到一个 Dagu Rover 5 四驱底盘，带有四个电机和编码器，不过，它同样需要一个更强大的电机驱动板。

我制作的 PiBoeBot 机器人

Parallax Boe-Bot 机器人套件

详见：www.mikronauts.com/robot-zoo/piboe。

一套 Parallax Boe-Bot 机器人套件售价约为 90 美元（物流费另算），这个套件配有非常棒的铝制 Boe-Bot 底盘。它包含两个连续旋转伺服电机，这意味着它不需要另配电机驱动板。它还包含一些触须传感器、LED 以及其他好东西。

只要校准了连续旋转伺服电机，Boe-Bot 机器人就不会跑偏。不过，为了获得最佳效果，需要另配轮型编码器或罗盘。

你也可以多花些钱从 Parallax 那儿购买带有 BASIC Stamp、Propeller 或 Arduino 接口板的 Boe-

Bot 套件。不过坦白地说，如果你的预算有限，这几块板子不买也罢。

优点：比较结实、小巧，看起来科技感强。这是我最喜爱的底盘之一。

缺点：成本较高。虽然比 Magician 精准些，但需要校准才不会跑偏。

Dagu Wild Thumper 六驱底盘

详见：www.dagurobot.com/goods.php?id=47。

如果你预算足够，想制作一个更高级的机器人，我建议你花 250 美元（物流费另算） 购买一个 Wild Thumper 六驱底盘。

你需要选择齿轮传动比是 34：1 还是 75：1 的减速电动机：

如果想制作跑得快的机器人，选择 34：1 的电动机；

如果希望获得更大的扭矩（运输或推拉更多的东西），则选择 75：1 的电动机。

我用的是 34：1 的电动机，因为我不需要扭矩更大的高齿轮传动比的电动机，我没打算往机器人上添加太多的东西。

如果希望机器人不跑偏，你需要配置两个编码器或罗盘，GPS 模块也行。你可以从 Dagu 订购两个集成了高分辨率编码器的备用电动机。你需要配置非常强大的电动机驱动器，因为如果电动机被卡死，电动机驱动器要承受 6A 的失速电流冲击，这可能会烧坏电机驱动器。

我正在制作的 Wild Thumper 六驱机器人

你也可以购买稍微便宜些（10 ~ 30 美元）的 Wild Thumper 四驱底盘，但无法获得尺寸更大性能更强的六驱底盘所具有的震撼效果。

优点：坚固无比，越野能力卓越的全金属六驱底盘。

缺点：价格昂贵，需要能支持工作电流为 6A 的电机驱动器。

Hexapod 铝制底盘

HexPi: www.mikronauts.com/robot-zoo/hexpi- hexapod-pi-robot。

视频：www.youtube.com/watch?v=9tLrE_4NFAo。

测试：www.mikronauts.com/the-better-mousetrapservo-tester。

忠告：对于新手来说，Hexapod 底盘绝非制作机器人的好起点！ 带舵机[1]的 Hexapod 铝制底盘价格从 100 美元到 250 多美元不等（物流费另算）。

Hexapod：

- 是你能制作的最复杂的机器人之一。
- 成本高昂。
- 需要 12 ~ 18 个甚至更多的舵机，具体取决于它的足具有两个还是三个自由度。

正在测试 HexPi 机器人的一足

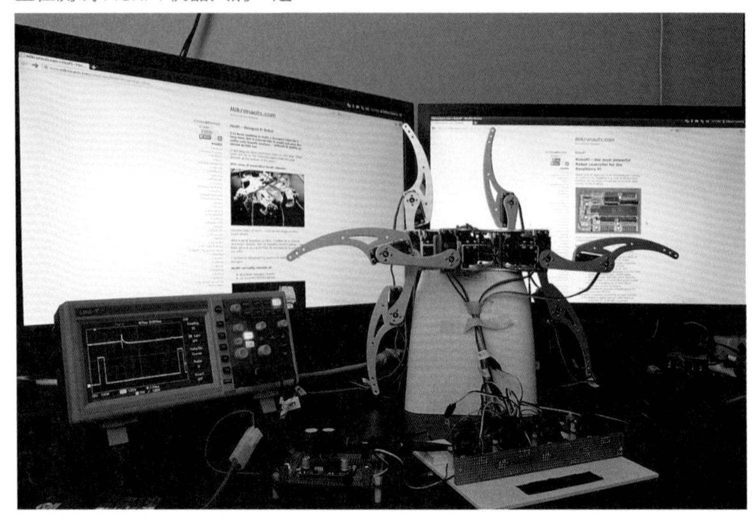

从图中你可以看到我在尝试测试 HexPi 的足部动作。遗憾的是，HexPi 已被束之高阁一年多了，因为我犯了一个错误，买了糟糕的廉价舵机。我没有时间去买更好的舵机重新制作 HexPi。你可别犯同样的错误！ 不要舍不得在舵机上花钱！

优点：酷毙了！

缺点：价格死贵，对制作能力要求超高。

2/4/8 脚行走机器人

我将两足、四足和八足行走机器人放在最后讨论，因为就像 Hexapod 机器人那样，它们对于新手来说制作难度太大了。

两足机器人需要相当多的舵机，而且必须处理平衡问题。更糟糕的是，我知道的唯一一款价格稍微可以承受的机器人套件又没有足够的空间安装树莓派。

四足行走机器人比在此讨论的其他行走机器明显要便宜得多。Dagu 有一款，每足具有两个自由度（共使用 8 个舵机），然而它也不是学习机器人的合适选择，因为它使用的微型舵机严重限制可以携带的负载（树莓派、电池等都无法安装上去），而且它同样需要解决平衡问题。

八足机器人甚至比六足机器人更糟，需要的舵机更多，其重量更重，成本更高，编程也更复杂。对新手来说无疑是不合适的。

如果一个新手非得做行走机器人，尝试制作四足机器人也许成本最低难度最小。

---

[1] 译注：特指在有限角度范围内来回旋转的减速电动机。

应该选择哪种底盘?

这完全取决于你的预算。也许你希望购买一份完整的套件，如本专栏“第一部分”讨论的那些套件。也许你想复制一个本书以前辑数或互联网上介绍的机器人项目。或者你想完全自己动手从头做一个。

我都能理解。虽然听上去这话说得有点随意，但你必须选择自己想要的机器人的样式！否则，你不会乐在其中，只会自寻烦恼。

我建议从成本较低的机器人开始做起。你肯定不想从5000美元一套的SuperDuperWhizBot做起，然后在制作过程中遇到重重困难，直至失去兴趣。

如果你有孩子，或者希望朋友参与，不妨考虑制作两个机器人，这就可以进行多种机器人比赛（如循迹、走迷宫、跟随以及其他竞赛等）。

从入门机器人做起会遇到不少局限，但这会激发你今后解决这些局限问题的兴趣。制作入门机器人对于深入研究机器人制作而言是很好的开端。

第三部分 电动机驱动器

我们浏览了一些市面上流行的机器人底盘，估计你已经选好了底盘，现在该选电动机驱动器了！下面只是可以在市场上买到的一小部分电动机驱动器，除此之外还有很多选择。

选择电动机驱动器

对电动机驱动器的选择取决于为底盘配置的电机。

查看电动机的数据表，确定：

（1）电动机的工作电压。

（2）电动机的失速电流。

一旦知道这两个指标，你就可以开始选择合适的电机驱动器了。

L9110S

L9110S 模块（图 1）具有以下规格：

- 工作电压为 2.5 ~ 12V。
- 0.8A 直流工作电流。
- 1.5 ~ 2.0A 峰值电流（瞬时）。
- 内置钳位二极管。

我在 www.electrodragon.com/w/images/c/c5/Datasheet- l9110.pdf 中找到了 L9110S 芯片数据表。我在自己制作的精灵（Elf）机器人中使用了其中一款驱动器。参见 www.mikronauts.com/robot-zoo/elf- 2wd-pi-robot。

图 1　典型的 L9110S 模块

L293D

L293D 芯片被广泛用于电机驱动板。图 2 和图 3 的驱动板只是两个例子。L293D 芯片规格如下：

- 工作电压 4.5 ~ 36V。
- 0.8A 直流工作电流。
- 1.5 ~ 2.0A 峰值电流（瞬时）。
- 内置钳位二极管。

图 2　使用 L293D 驱动器的 Mikronauts 机器人控制器板

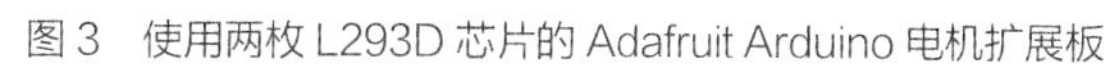

图 3　使用两枚 L293D 芯片的 Adafruit Arduino 电机扩展板

可以在 www.ti.com/lit/ds/symlink/l293.pdf 找到 L293D 的数据表。有一款在很大程度上与 L293D 兼容的 SN754410 芯片，不过其 ESD 二极管不用作钳位二极管。可以在 www.ti.com/lit/ds/symlink/sn754410.pdf 找到 SN754410 的数据表。L293D 和 SN754410 芯片可以使用两线或三线控制电机。

图 4　SN754410 电机驱动芯片

L298N

有很多驱动板使用 L298N 电机驱动器（图 5A 和图 5B）。L298N 规格如下：

- 工作电压为 4.8 ~ 46V。
- 2A 直流工作电流（带散热片）。
- 2.5 ~ 3A 峰值电流（瞬时）。
- 需要外部钳位二极管。
- 过温保护。
- 可选的电流感应引脚。

可以在 www.st.com/web/en/resource/technical/document/ datasheet / CD00000240.pdf 找到 L298N 数据表。L298N 使用两线或三线控制电机。

图 5A　一个典型的 L298N 模块

图 5B　另一个典型的 L298N 模块

高电流

当制作大型机器人时，2A 电机驱动器就力不从心了。市场上有相当多的高电流电机驱动器，我最钟爱 Parallax HB-25（图 6）。

图 6　Parallax HB-25

HB-25 使用单线通过伺服控制信号控制电机的速度和方向。 Pololu、Cytronics、Dagu、Adafruit 以及其他公司也提供很多电机驱动器，就不在此一一列举了。

I²C / SPI / 串口电机控制器和驱动器

如果你不能（或不想）为 PWM 驱动器生成脉宽调制（PWM）脉冲控制电机速度，则需要一个电机控制器，例如，可以从 Seeed Studio（www.seeedstudio.com）购买一个如图 7 所示的电机控制器。

图 7　板载 L298N 电机驱动器的 Seeed Studio I²C 电机控制器

市场上有很多电机控制器。它们可以通过各种方式与树莓派连接。大多数电机控制器通过以下五种接口之一连接。

（1）伺服接口：由信号、电源和接地组成的三线接口。控制器采用伺服控制脉冲，并为电机产生 PWM 信号（如

HB-25）。

（2）I^2C 接口：由 SDA、SCL 和接地组成的三线接口。控制器提供一个 I^2C 接口（如 Seeed Studio）。

（3）SPI 接口：由 /CS、CLK、MISO、MOSI 和接地组成的五线或六线接口。

（4）串口：由 TX、RX 和接地组成的三线接口（如 RoboPi）。

（5）USB 接口：通常表现为单个串行端口。

制作你自己的电机驱动器

最简单的控制大功率电机的方法是使用老式的继电器。然而，这只有在不需要通过 PWM 控制电机转速的情况下才可行。更好的办法是使用合适的 MOSFET（Metal-Oxide-Semiconductor Field-Effect Transistor，金属—氧化物—半导体场效应晶体管）制作你自己的 H 桥。

接下来做什么？

当然是让电动机运转起来。通过使用 PWM 控制电动机速度，管控提供给电动机的输入功率。

为什么三线驱动器的使能（ENABLE）信号是有意义的

如果 A 和 B 的输入电压处于同一水平，大多数双线电机驱动器会主动制动电机。当使用 PWM 速度控制时，在 PWM 信号的“OFF”周期期间，两个输入都保证被驱动为低电平，这将使两个电动机引线短接，导致主动制动。这对于电动机来说可不妙，因为会对电路造成冲击，导致反复制动。实际效果就是低速电动机控制表现出非线性，电动机也会发生不祥的噪音。

EN / A / B 三线驱动器

流行的 L293D 和 L298 电动机驱动器通常配置为 EN / A / B 三线控制。 对于三线驱动器，使用 digitalWrite()（或等效的函数）设置两个方向引脚，即正转还是反转，然后使用 analogWrite() 通过 PWM 控制电机速度。请注意，不同电机的最小转速是不相同的。

一些驱动板将 EN 永久置为 1，以便仅使用两个引脚。我不推荐这种做法，正如前述，这对电机和电池都不好。

EN 功能

0　关闭电机驱动器，电机惯性滑动

1　启动电机，电机按 A 或 B 指定的方向转动

A	B	功能
0	0	制动
0	1	正向旋转
1	0	反向旋转
1	1	制动

注意：某些电机低电平表示有效输入，在这种情况下，0 启动电机，1 则使电机惯性滑动。详细信息可查阅电机控制器（或电机控制器芯片）的数据表。

A / B 双线接口

对于双线驱动器，使用 digitalWrite()（或等效的函数）将反向引脚置 0，然后使用 analogWrite() 通过 PWM 控制电机的正向转速。请注意，不同于其他电机，双线电机的最低转速通常比较高。

廉价的低电流 L9110S H 桥是一个双线 A / B 接口例子，不过也有许多 L293D 和 L298 驱动板通过将 EN 置 1 变成双线驱动器。

A	B	功能
0	0	制动
0	1	正向旋转
1	0	反向旋转
1	1	制动

DIR / PWM 双线驱动器

有一些电机驱动器利用额外的逻辑电路将一个引脚用作电动机方向控制，另一个作为 PWM 输入控制电动机转速。对于这些驱动器来说，使用 digitalWrite()（或等效的函数）设置方向引脚，使用 analogWrite() 通过 PWM 控制电动机速度。再次提醒，这种电动机的最低转速通常要比其他电动机要高一些。

那么我喜欢哪一种呢？

我喜欢三线 EN / DIRA / DIRB 控制，这样我可以明确地控制电动机的运转、惯性滑行或主动制动，电池的续航能力更好，电动机产生的噪音也较低。

第四部分　传感器

第三部分我们浏览了一些市面上可见的电动机驱动器。 到目前为止，你应该已经选好了底盘和电机驱动器。现在到了为你的第一个机器人选择传感器的时间了!

有了底盘、电机和电机驱动器，你的机器人就可以移动了。不过，如果前进的道路被堵住了，又缺乏一些感知方式，机器人将继续尝试前进，这无疑是一种“绝佳的”放电方式，而且机器人的行为举止看上去挺怪异。你的机器人需要一些方法判断前进道路上是否存在障碍物。我们来看看 5 种不同的传感器（图 1），包括简单的开关到复杂的距离传感器：

图 1　我们将讨论的不同传感器

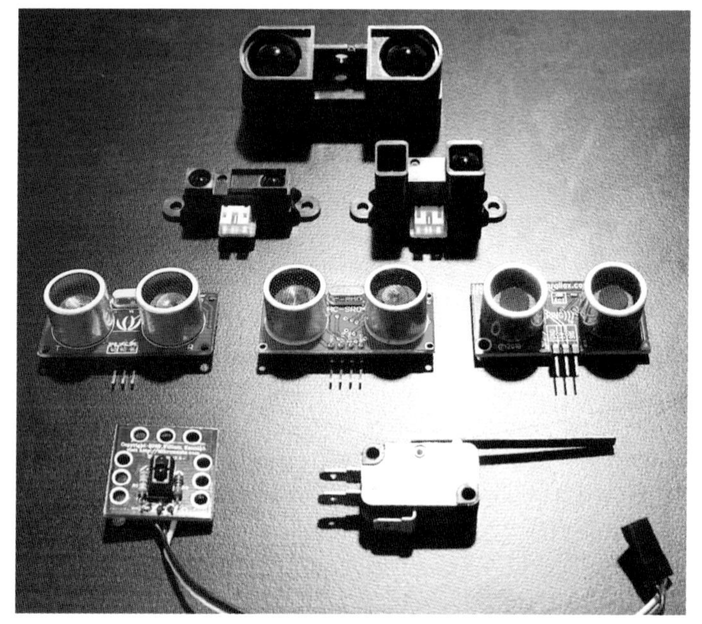

（1）触须。

（2）缓冲器开关。

（3）红外缓冲器。

（4）超声波距离传感器。

（5）红外距离传感器。

你可以将以上 5 种传感器都安装到机器人上，虽然这么做有些夸张。

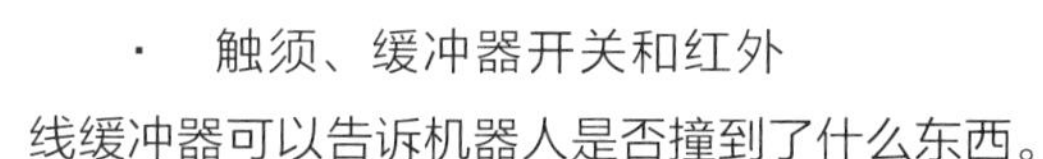

· 触须、缓冲器开关和红外线缓冲器可以告诉机器人是否撞到了什么东西。

· 距离传感器可以告诉机器人在传感器感应范围内最近的物体究竟有多远。

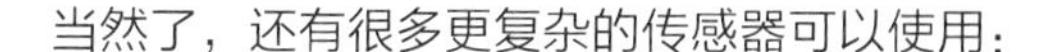

当然了，还有很多更复杂的传感器可以使用：

· 轮型编码器。

· 罗盘。

· 加速度计。

· 陀螺仪。

- 光线传感器。
- 温度传感器。
- 摄像头。

还有很多！我们将来会讨论这些传感器。

触须

触须差不多是比较夸张的缓冲器开关，利用弹簧条制成，接触障碍物导致变形时，会通过金属片或螺丝钉导致引脚触发一个高电平，其程序代码与缓冲器开关相同。我的一些 Boe-Bots 机器人上装有触须（图 2），但我不推荐作为教育性用途。为何？我担心小孩的眼睛安全问题。对于年龄较大的孩子来说，这不应该成为一个问题。

图 2　Boe-Bot 机器人触须（Parallax 供图）

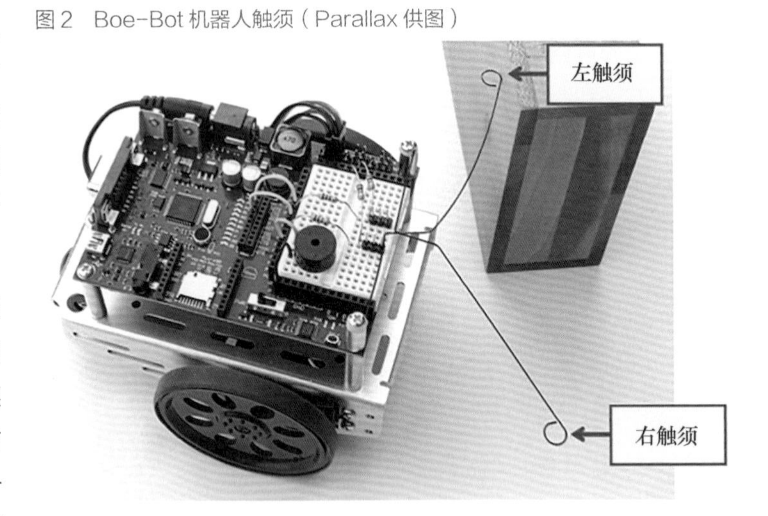

当使用触须时，我建议用吸管、木材或其他材料将其包起来（当然，要超过触点）。可以用与连接缓冲器开关（见下文）相同的方式连接触须，因为触须基本上是一个简单的常开开关。可以在 http://education-archive.rec.ri.cmu.edu/content/electronics/boe/bump_switch/4.html 找到关于如何制作触须的详细说明。

缓冲器开关

目前我主要使用红外和超声波传感器而非缓冲器传感器或触须。然而，有些情况下使用某种形式的缓冲器开关是合适的。最近，我使用了如图 3 所示的带有大型连杆的限位开关。

图 3　限位开关用作缓冲器

为了避免割伤小朋友的手指，我用一些触手可及的东西把它包裹起来，比如木头、小橡胶帽或塑料吸管等。你可以发挥自己的想象力把它包好！

GPIO PIN 是指树莓派 GPIO 那一面上的引脚，它们没有连接分压器（图 4）。GPIO PIN 也可以是 I / O 扩展板（如我的 PiDroidAlpha 上使用的 MCP23S17 扩展板）上任何可用的 I / O 引脚。

要读取缓冲器开关状态，只需调用适当的库函数将其连接的引脚设置为 INPUT（例如 pinMode(pin, INPUT)），然后使用 digitalRead(pin) 读取其状态即可。

图 4　很容易将这种开关连接到 5V 数字输入口

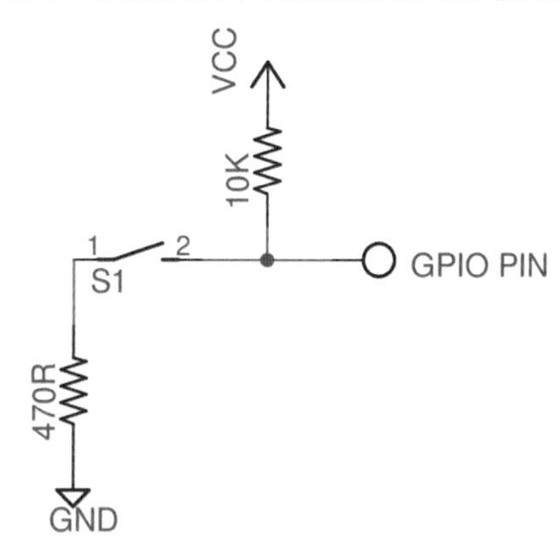

红外缓冲器和红外循迹传感器

模拟近距红外距离传感器、红外循迹传感器以及红外线缓冲器工作方式相同。一个红外 LED 被点亮，然后通过光电晶体管测量返回的光量。根据光照的强度、光电晶体管的灵敏度和反射光量，光电晶体管产生电流，然后利用上拉电阻转换为电压值（图 5）。

如果物体因距离太远而感应不到，或者因为地上贴有黑色胶带无法反射足够的光线[①]，则会获得与来自附近物体（如白纸）的反射光量不同的读数（图 6）。

图 5　SirMorph 红外传感器

图 6　3 个 SirMorph 被用作感应 1.27 厘米宽的黑带循迹传感器

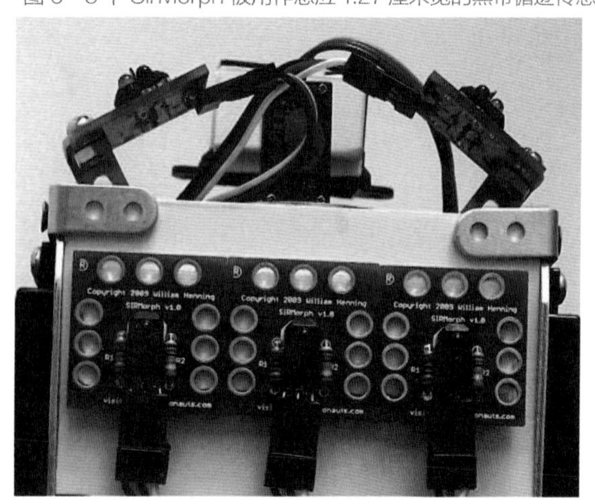

我的红外缓冲器传感器 SirMorph 也可以用作循迹传感器和超近距传感器，在默认阻值下，感应距离可达 20 毫米。

还有数字线路传感器，通常使用电位计根据反射光量将输出电平设置为 0 或 1。我倾向于使用模拟传感器，因为数字传感器有局限，用起来不够灵活。

① 译注：在地上贴黑色胶带是测试机器人循迹能力的常见做法。

要想使用这些模拟传感器，只需调用 wiringPi 库的 analogRead(pin) 函数（或其他类似的库函数）即可。

超声波距离传感器

市场上有很多不同的超声波距离传感器。它们通常使用 PWM 输出指示可感范围内最近物体的距离。一些价格较高的超声波距离传感器带有 I²C 接口。

HC-SR04

HC-SR04 是市场上最便宜的超声波距离传感器（图 7）。可以从很多网上卖家那儿花 2 ~ 10 美元买到。不过，价格划算同时也意味着其测距范围不如其他价格更高的传感器。

图 7　HC-SR04 传感器

HC-SR04 需要单独的 TRIGGER 引脚，并提供 ECHO 输出。由于其工作电压为 5 伏，所以将其用在树莓派上时需要添加一个简单的分压器（如图 8 所示）。

图 8　用于将 HC-SR04 传感器连接到树莓派的简单电路

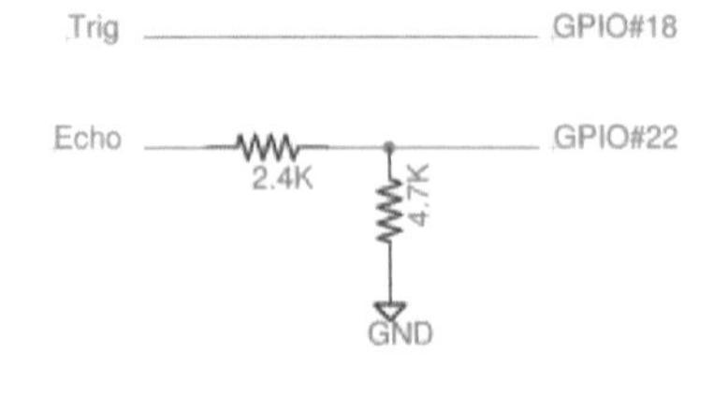

可以在 www.mikronauts.com/raspberry-pi/gpio-experiments/raspberry-pi-and-hcsr04-distance-sensor-interfacingwith-c-and-python 找到 Python 源代码，代码展示了如何使用优秀的 pigpio 库（http://abyz.co.uk/rpi/pigpio）读取 HC-SR04 测量的距离。

Seeed Studio SEN136B5B

Seeed Studio 有一款很不错的 I / O 距离传感器，售价约 15 美元（图 9）。该传感器被我用在自己制作的 SPRITE 机器人上。

图 9　Seeed Studio I/O 距离传感器

可以在我网站的 SPRITE 资源页面（www.mikronauts.com/robot-zoo/sprite）找到从 Seeed Sudio 超声波距离传感器读取距离的 C 程序。

Parallax PING)))

对于小型机器人而言，PING))) 是最好的超声波距离传感器之一（图 10）。

图 10 Parallax PING))) 超声波距离传感器

PING))) 传感器具有比 HC-SR04 更好的测距能力（5 米），并且仅使用一个 5V I/O 线，因此它的价格要高一些。可以在我的网站 SPRITE 资源页面（www.mikronauts.com/robot-zoo/sprite ）找到从 PING))) 传感器读取距离的 C 代码，它与 Seeed 传感器的工作方式相同。

红外距离传感器

夏普距离传感器具有模拟输出，这个值与所测物体的距离成反比（图 11）。

有几种不同测距范围的夏普传感器（图 12）：

- GP2Y0A21YK0F：10 厘米 ~ 80 厘米。
- GP2Y0A02YK0F：20 厘米 ~ 150 厘米（我的最爱）。
- GP2Y0A710K0F：100 厘米 ~ 550 厘米。

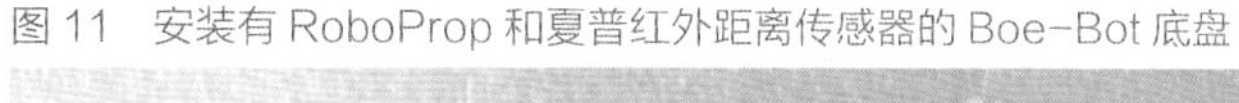

图 11 安装有 RoboProp 和夏普红外距离传感器的 Boe-Bot 底盘

较短距离传感器使用三针 JST 连接器，而长距离传感器则使用五针 JST 连接器。购买传感器时，建议购买带有三针连接线的版本，以便与三针舵机相连接。①

Sharp 传感器的数据表可从以下网址获得：

- www.sharpsma.com/webfm_send/1489
- www.sharpsma.com/webfm_send/1487
- www.adafruit.com/datasheets/gp2y0a710k.pdf

① 译注：舵机用于调整距离传感器的测距方向。

图 12　夏普传感器

使用 analogRead() 或等效的函数读取传感器的模拟输出。你可以使用所选传感器的数据表中的图表制作电压—距离转换表。

请注意，你需要为树莓派添加适当的模数转换器（ADC），以便能够读取模拟距离传感器的输出。我通常使用以下 ADC 之一：

- MCP3008 10 位八通道 ADC（用于 PiDroidAlpha）。
- MCP3208 12 位八通道 ADC（用于 RoboPi）。

两者都可以通过 SPI 端口轻松连接到树莓派，并可以方便地利用 Python 代码进行通信。

希望你现在能够决定使用什么传感器制作你的第一个机器人了。

在本文的后面的部分中，我们将根据迄今为止已经掌握的内容开始制作一个入门机器人。

06 机器人最新资讯

机器人最新动态报道

Servo 杂志 撰稿　赵俐 译

终极除草机器人

在 2016 年举办的 IROS 大会上，Bosch 出资成立的初创公司 Deepfield Robotics 研究人员发布了论文《基于视觉的高精度机器除草控制的高速操控系统》（Vision-Based High-Speed Manipulation for Robotic Ultra-Precise Weed Control）。文章精彩绝伦，令人振奋。这款庞大的农业机器人可以在 0.1s 内自主检测并清除杂草。

在目前发展大规模农业种植的格局下，人类唯一可行的除草方法就是化学除草剂，因为它可以在较短时间内用拖拉机或飞机进行大面积喷洒。但是，所有这些除草剂不仅会对杂草造成致命性打击，还会残留在正常的庄稼（我们要食用这些庄稼）上，继而经雨水冲刷进入土壤。

最绿色、最环保的除草方法依然是最原始的方法：物理除草。物理除草也就是把杂草连根拔起，但这不仅要抓住杂草，还要执行一系列关联性行为。更好的解决方法是粉碎杂草并将它们埋入地下，这样速度更快也更轻松，机器人可以代我们完成工作。

Deepfield 机器人

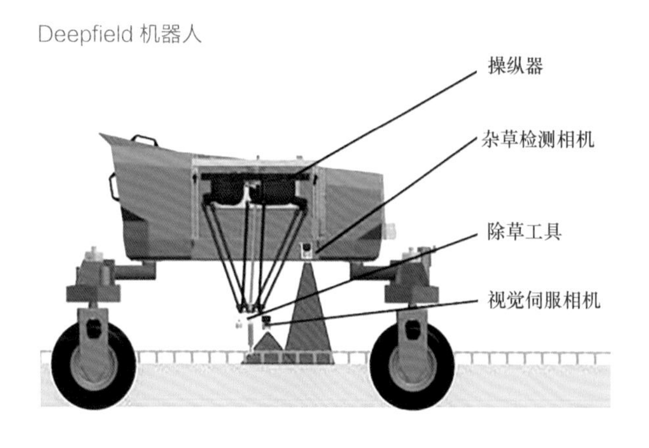

冲压工具宽 1cm，能将杂草冲入土壤下方约 3cm。它可以从叶片的形状来识别杂草，一次性消灭刚刚发芽的杂草。对较大型的杂草，则可在 100ms 内连续处理多次。

在一片栽种密度为 2cm 的胡萝卜、每米平均 20 棵杂草的土地上做实验时，除草机器人显得毫无困难。最高成绩是在每米 43 棵杂草的密度下，每秒除去约 1.75 棵杂草，速度达到 3.7cm/s，如果杂草密度较低，除草速度可达到 9cm/s。

这款机器人将作为一个模块，应用于 Deepfield 的“适应性多功能机器平台”BoniRob 上。BoniRob 能够自动导航，适应多种不同的农业地形。模块化载荷舱能举起 150kg 的重物。由于装有机载发电机，它能自动运行 24 小时而不需要加油和充电。机器人通过 ROS 供电，Deepfield 甚至建议人们用它来完成一些疯狂任务，如无人机发射甚至生产大批迷你 BoniRob。

当前的推广思路是，农民可以购买一台 BoniRob，然后根据需要购买或租赁相应的模块，而不必投资购入大量单任务机器人。目前，Deepfield 正在进行大规模实地测试，已有多家农场自主应用 BoniRob，相信不久后 BoniRob 就将面世。

日本丰田汽车斥资 10 亿美元成立研发实验室

日本丰田汽车公司最新消息：丰田汽车公司近期宣布将在未来 5 年斥资 10 亿美元成立新的研发部门，研发总部设在硅谷，重点研究人工智能和机器人。Toyota Research Institute（TRI）计划聘请数百名工程师成立研发团队，一期研发中心设在加利福尼亚州帕洛阿尔托市斯坦福大学附近，二期研发中心设在马萨诸塞州剑桥市麻省理工学院附近。

iRoad 三轮电动概念车，丰田汽车公司正在某些城市测试使用（左）；人类支持机器人，旨在为人类提供家庭服务（中）；自主测试车，雷克萨斯 2016 年发布（右）

前任 DARPA 项目经理 Gill Pratt 博士（现任丰田汽车公司执行技术顾问）将出任 TRI 首席执行官。公司于 2017 年 1 月正式开始运营。在新闻发布会上，丰田汽车公司总裁丰田章男（Akio Toyoda）表示，丰田汽车公司将继续追求创新，探索新技术，“改善客户的生活品质，造福全社会”。此外，他还希望“与 Gill 密切配合工作，不仅仅因为他是一位了不起的研究人员和工程师，还因为相信他的目标和方向与我们一致”。

前任 DARPA 项目经理 Gill Pratt 博士，现任“DARPA 机器人挑战赛”项目负责人，将负责领导刚刚在硅谷成立的 Toyota Research Institute。

TRI 的首要工作是研究汽车与机器人人工智能。Pratt 博士详细介绍了一些相关战略。早在 2015 年，丰田汽车公司就宣布将与斯坦福大学和麻省理工学院开展一项研究合作计划，公司在大力推进人工智能和机器人事业中迈出了的坚实的第一步。在 TRI 中，丰田汽车公司希望大幅加速人工智能进程，运用应用程序打造更智能、更安全的汽车和机器人，从而提升我们的家庭生活品质——随着老龄化的不断加剧，这个问题显得尤为重要。尽管汽车将配备更强劲的传感器、计算器和软件，但这并不意味着汽车将实现全天候全自动运行。

TRI 获得了广泛授权，拥有极大的灵活度。Pratt 博士表示，他们将开展大量前沿研究。另外还特别强调，作为一项使命，该机构还将竭力打破基础研究与产品开发之间的隔阂。

无线轮椅

Amazon Echo 是一款声控云连接无线音箱，人们可以将它作为个人助理。可以将 Echo 想象成为家庭 Siri。Echo 旨在响应语音命令，会对“Alexa”做出回应，而且能够说出游戏得分、读书、播放音乐或查看日历。倘若采用智能家居服务，Echo 还能关灯并与其他智能技术集成。

但是，Bob Paradiso 很想知道，“能否进一步提升 Echo 的功效? ”当然，他做到了。Paradiso 用 Echo、Raspberry Pi 和 Arduino Uno 将一台电动轮椅改造成声控轮椅。

Echo 以为在开 / 关点灯，其实却是在控制轮椅。Paradiso 命令，“Alexa，打开左侧第 4 个按钮，”轮椅开始旋转。接着又命令，“Alexa，打开前方第 4 个按钮，”轮椅向前移动。简直太酷了!

迪斯尼开发软件

在很多业余爱好者的眼中，制造机器人主要是指购买零件，组装，然后编程（如果更喜欢机器人），使其能够执行任务。从头开始设计机器人的难度更大——特别是，如果要为机器人配备机械腿完成一些实际动作，那就更难了。

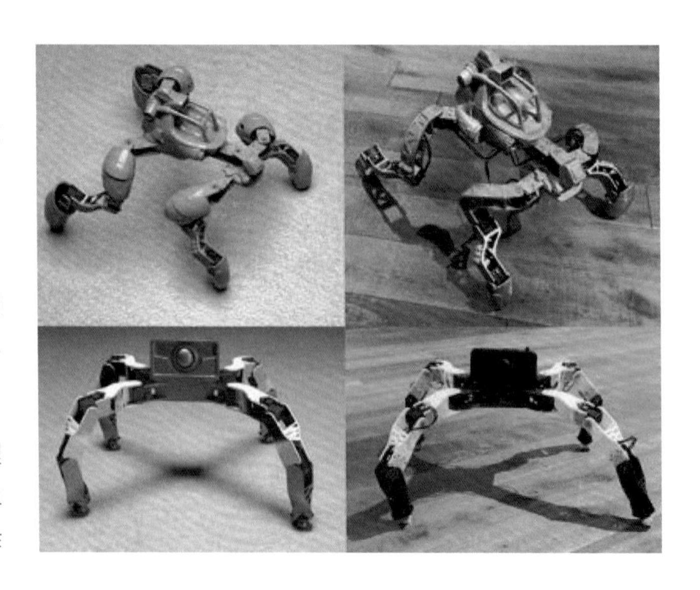

好在，ETH Zurich 携手 Disney Research 与 CMU 开发了“一款交互设计系统，使普通用户也能够快速打造 3D 打印版机器人。”从行走的两足动物到脊椎动物再到五足怪都不在话下，这款软件可以代你完成所有繁重工作。由于只需配备一台 3D 打印机和若干伺服系统，因此你可以随心所欲地设计各种奇特的机器人。

这种方法根据设计数字字符的原理开发而来，设计数字字符只需指向、单击和拖动，就是这么简单！当然，制作物理机器人却没有这么轻松，因为期间有很多小麻烦，例如是否可以实现身体动作。另外，还必须在一定程度上考量成本和复杂度，倘若制作工艺采用的是个人用户 3D 打印机，情况就更加严峻了。

迪斯尼的方法综合运用制作工艺设计、物理特性设计、动作规划，当然还有机器人科学。

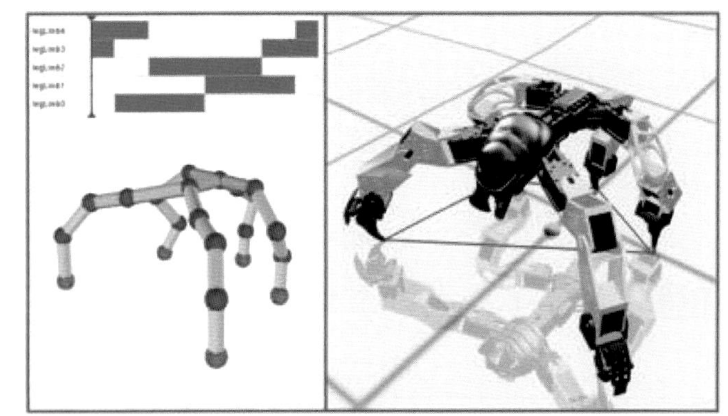

设计界面快照。左侧是踏步模式图形设计窗口。右侧是预览窗口，展示机器人压力中心（绿色）和支持多边形（红色）

从外观角度而言，使用软件非常容易。每一款机器人都要先绘制骨架结构，通过各关节位置配备的虚拟电机连接骨骼。结构可以自由编辑，而且可以点击、增减电机或改变方向，借此调整机器人结构。

为使机器人正常行走，还可以调整哪一条腿着陆，同时防止机器人跌倒，只需确保代表机器人质心的绿球始终位于代表平衡多边形的红球之内，这样可确定哪一条腿接触地面。

还可以应用更细致的步态定制，包括方向性、速度、转向率及每个脚的足部轨迹。这款软件将在后台处理各种复杂任务，优化电动机指标，完成动力平稳的动作，而后即可在基于物理的模拟环境下进行预览。

若对动作状态感到满意，则可针对机器人的各个身体部位最终生成 3D 几何结构，包括电动机连接器。这款软件既不受打印机型号影响，也不受选材左右。举例来说，如果使用的是 MakerBot（或其他打印机）和灯丝材料，软件将通过填充实现强韧性。但是，如果采用激光烧结成型，则软件将改为利用更有效的桁架结构。

为了对软件进行检验，研究人员运用 3D 打印元件、Dynamixel MX-28s、伺服控制器板和电池从头制作了若干不同的机器人（包括五足机器人 Predator）。据预计，机器人的实际性能会与物理模拟存在一定的差别。摩擦、3D 打印身体部位轻微弯折以及传动装置反应不理想都会导致小问题，从而累积成大量不确定性。然而，研究人员发现物理原型的整体动作与模拟预测行为吻合度较高。

机器人行走的重大突破

DARPA 机器人挑战赛结果证实，行走对于机器人而言绝非易事。不过，最近中国机器人行者一号持续行走了

54 小时，共行走 360 000 步(83.28 千米)，创造了四足式机器人行走最远距离的世界纪录。

这是在一次充电条件下完成的。事实上，倘若电池可以续航，还能走出更远的距离。

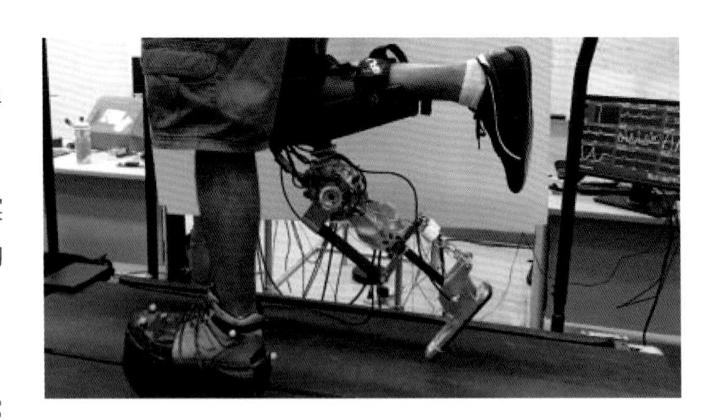

加强机器人（和人类）平衡性

假肢磕磕绊绊往往会导致截肢者摔倒，但美国卡内基梅隆大学研发的机械假肢却承诺帮助用户恢复平衡性，所采用的技术正是以人腿控制模式为基础。

Hartmut Geyer（机器人助理教授）公布了一项控制策略，设计原理如下：经过对人类反应及其他神经肌肉控制系统的研究，印证了模拟和实验室测试的判断，在崎岖路面保持平稳的行走步态，而且能够在绊倒和推倒后迅速起身恢复行走。

在未来的 3 年里，美国国家科学基金会将斥资 90 万美元启动“国家机器人计划”科研项目，并征集膝上截肢手术患者开展进一步的研制和测试。

Geyer 研究团队成员包括 Steve Collins（机械工程和机器人副教授）和 Santiago Munoz（认证义肢矫形师兼美国匹兹堡大学康复科学和技术专业导师）。

Geyer 指出：“动力假肢可帮助弥补缺失腿部肌肉的动力源的情况；不过，倘若截肢者惧怕摔倒，恐怕不愿意使用它。尽管目前的假肢竭力模仿自然腿部动作，但仍无法像健康人腿一样对磕绊和推力做出反应。我们的工作方向是，如果掌握人类控制肢体的奥秘，那么势必可以运用这些原理来控制机械肢体。”

这些原理不仅有助于制作假肢，还能帮助研制腿式机器人。Geyer 最新发现可以应用神经肌肉控制策略驱动假肢并模拟类人步行机器人，2016 年在德国汉堡召开的 IEEE 智能机器人和系统国际会议上展出了此类机器人。

过去 10 年，Geyer 一直从事步行和电机控制动力学研究。期间对腿伸肌的作用进行了细致研究，发现腿伸肌通常用于伸直关节。他表示，这些肌肉的力反馈会对地面扰动自动做出反应，根据需要快速减缓腿部运动或伸直腿部。

研究人员发现，神经肌肉控制方法可重现正常的步行模式，在腿部开始 / 结束前摆时有效做出扰动反应。他指出，还需要开展更多的工作，因为目前控制策略还无法在摆动中做出有效的扰动反应。

目前美国的截肢人数已超过百万，预计到 2050 年这一数量将是现在的 4 倍。约半数截肢患者害怕摔倒，还有很多患者声明无法在崎岖地面行走会降低生活质量。

VertiGo 无处不在

设计处理各种地形或条件的机器人通常需要一些创造力，而在过去，一些最有创意的设计来自苏黎世联邦理工学院和迪斯尼研究院，比如称为 Paraswift 的旋风式飞檐走壁机器人。

Paraswift 虽然非常酷，但由于它依赖于吸力爬墙，因此无法攀爬粗糙表面。这促使迪斯尼研究院 / 苏黎世联邦理工学院团队尝试别的设计，即称为 VertiGo 的新机器人，这是一种直升机和汽车的混合体，可以在地面上行驶，然后转而爬上垂直的墙壁。

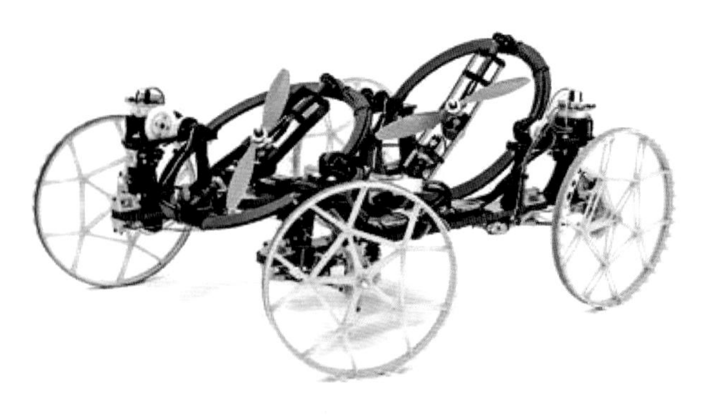

据该团队声称：VertiGo 机器人设计中的一个关键研究问题是最大化输出推力与车重之间的比率。为减轻车的重量，研究员用上一个中央碳纤维底板，而 3D 打印组件和碳棒则用于更复杂的三维结构，如车轮悬架或车轮本身。底板为两个推进器模块和车轮悬架提供安装点。它还用作所有电子部件和电线的载体。推进器使用双环万向悬架安装。集成伺服电机可以让内环和外环彼此独立地移动。这有助于产生在地板、墙壁，甚至理论上在天花板上爬行所需的所有力量。

四个轮子实际上无动力。VertiGo 运动的所有推进力来自两个轮式螺旋桨，螺旋桨可以同时沿俯仰轴线和轧辊轴线提供推力。VertiGo 在汽车模式下非同一般，但它最厉害的地方当然是从地面爬上墙，方法就是使用其后推进器将自身推向墙壁，同时前推进器向上推动，使机器人垂直翻转。这个控制问题是“最难解决的一关”，迪斯尼研究院的 Paul Beardsley 说。“但该方法很有效。”

相较依赖吸附力的攀爬机器人，VertiGo 的优势在于主动将自身推到墙上，这意味着它不依赖墙体本身的特性。 它可以在玻璃、砖石等平滑表面、树木等粗糙表面甚至曲面上行驶。VertiGo 相较飞行机器人也有一个很大的优势：它更加安全。

对于 VertiGo 来说，能够发生的最糟糕的事就是，它从爬上的墙上掉下来，而旋翼机可能会飞入无垠蓝天。 只要在爬墙时无人站在 VertiGo 正下方，安全隐患就很小。

为瘫痪老兵设计的外骨骼机器人

据美联社报道，美国退伍军人事务部将为符合条件的瘫痪老兵支付 ReWalk 外骨骼机器人费用。

外骨骼费用是 7.7 万美元，对许多受伤的退伍军人来说太贵了。 据报道，ReWalk 迄今确定了 45 名瘫痪老兵符合外骨骼条件，并开始了登记流程。

主管 VA 装备研究的 Ann Spungen 博士说，这是一项重大政策转变。“为符合条件的瘫痪老兵提供外骨骼在家使用的研究支持和努力是 VA 的一个历史性壮举，因为它代表着瘫痪患者康复方法的模式转变。”

VA 政策是美国颁布的第一项面向全国符合条件的脊髓损伤人士的政策。该政策安排符合条件的老兵在全国所有指定的 ReWalk 训练中心接受外骨骼评估。 合格老兵将前往训练中心接受装置使用训练，成功的候选人将有资格获得 ReWalk 个人系统。

无人机登记

联邦航空管理局（FAA）最近公布了重量在 250 克和 25 千克之间的无人机注册系统，表明注册网站于 2015 年 12 月 21 日上线。

那些在 2015 年 12 月 21 日之前已经拥有无人机的人必须在 2016 年 2 月 19 日之前进行登记。任何在 2015 年 12 月 21 日以后首次拥有无人机的人必须在首次户外飞行前完成登记。

FAA 收取 5 美元的登记费，无论你拥有多少无人机。 所以，实际上登记与所有者相关，而与无人机的数量无关。登记有效期为三年，另外还有 5 美元的续展费。

你可能不太满意此登记要求，但是，不登记无人机可能会导致高达 27 500 美元的民事处罚，不登记的刑事处罚可能包括高达 25 万美元的罚款。

登记时需要提供你的姓名、家庭住址和电子邮件地址。完成登记过程后，网络应用程序将生成一份航空器登记证书 / 所有权证明，其中包括必须在所有无人机上标记的唯一标识号。

使用登记网站 https://drone-registration.net 的用户必须年满 13 周岁。

教机器人像婴幼儿那样学习

婴幼儿通过探索自己的身体如何移动、如何抓住玩具、如何推开桌上的东西，以及通过观察和模仿兄弟姐妹和大人的做法来了解这个世界。当机器人专家想要教一个机器人执行任务时，他们通常是编写代码或者移动机器人的手臂或身体来告诉其如何行动。

该机器人使用新的 UW 模型来模仿人类移动桌上的玩具食物。通过学习哪些动作最符合自己的几何结构，该机器人可以使用不同的方式来实现同一目的，即让机器人通过模仿来学习的关键

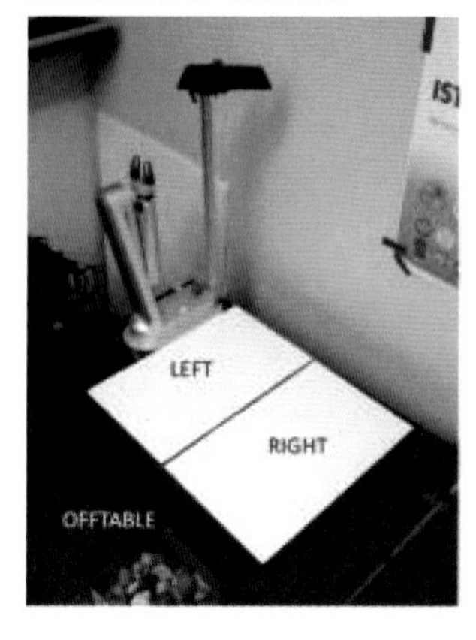

然而，华盛顿大学发展心理学家和计算机科学家之间的协作表明，机器人可以像孩子一样“学习”。通过探索积累数据，观察人类做某事，并确定如何独立执行该任务。华盛顿大学计算机科学与工程系教授 Rajesh Rao 说：“你可以将此当作是建造能向人类学习的机器人的第一步，它们的学习方法与儿童向大人学习一样。”

“如果让丝毫不懂计算机程序设计的人去教一个机器人，只能用演示的方法。向机器人展示如何清洗碗碟、叠衣服或做家务。 但要实现这一目标，机器人还要看懂这些动作并自行学着做。”

该研究将华盛顿大学学习与脑科学实验室研究所（I-LABS）的儿童发展研究与机器学习方法结合起来，于 2015 年 11 月发表在《PLOS ONE》杂志上的一篇论文中。

在论文中，华盛顿大学团队开发出一种新的概率模型，旨在解决机器人技术中的根本性难题：制造出能通过观察和模仿人类来学习新技能的机器人。

机器人专家与华盛顿大学心理学教授和 I-LABS 联席主任 Andrew Meltzoff 展开了合作，Andrew Meltzoff 的开创性研究表明，18 个月大的儿童可以推断出大人动作的意图，并能自己想出其他方法来达成其目的。

在我们的例子中，婴幼儿看到大人想拉开一个玩具杠铃，但未能如愿，因为杠铃是粘在一起的，大人的手滑到了杠铃末端。婴幼儿仔细看着这一切，然后决定用另外的方法。他们用其小手指抓住杠铃末端，更加用力地猛拉，重复大人想要做的事情。

在一定程度上，儿童更擅于感知他人的意图，他们通过对自身的探索，学习物理规律，了解自己的行动对事物的影响，最终能够积累足够的知识向他人学习，并理解他们的意图。Meltzoff 认为，婴幼儿之所以能学习得这么快，原因之一就是他们特别爱玩。

Meltzoff 说：“婴幼儿在玩的时候看似毫无目的，但却是一种学习。这正是婴幼儿有创新力的秘密。

如果他们想知道如何玩一个新玩具，就会用到玩其他玩具时学到的知识。在玩的过程中，他们也在学习一种思维模式，即自己的行动会对外界造成怎样的改变。一旦有了这种思维模式，他们就可开始解决新问题，并开始推测他人的意图。”

虽然实验最初只是学习如何推断目的、模仿简单的行为，但研究团队计划探索这种模型如何帮助机器人学习更复杂的任务。

保护真空装置

LG Electronics 的 HOM-BOT Turbo + 真空吸尘机器人（2016 年 1 月在 CES 上首次亮相）采用增强现实（AR）技术，它拥有一种称为 Home-Joy 的智能功能。通过这一新的用户界面，用户可以使用智能手机的摄像头向吸尘器发出指令。只需用手指轻点一下图像中要清扫的房间部分，HOM-BOT Turbo+ 就会移至该位置并开始进行打扫。

位于设备前端的摄像头支持另一个叫 Home-Guard 的智能功能。当 HOM-BOT Turbo + 传感器感应到室内有物体在运动时，便会及时拍照并将室内照片发送到用户的智能手机上，从而为用户提供更高的安全性（让人安心）。

HOM-BOT 还能智能地穿行于用户的室内，躲避诸如楼梯等障碍物，这都归功于 Robonavi，这是使用机器人的双 CPU 决定行进方向的一个智能软件系统。

HOM-BOT Turbo + 有一个 80V 的锂离子电池，支持持续清洁 40 分钟。

在飞行中自拍

显然，Twitter 正在将自拍无人机的概念提升到一个新的水平。

Twitter 最近获得了一项专利，专利描述是“支持短信服务的无人飞行器设备”，该设备可以拍摄照片和视频，并发送到用户的账户上以供分享。Twitter 用户可控制无人机的动作，实时传输捕捉到的信息。

当 CNBC 要求就该消息发表评论时，Twitter 发言人简单地回应："只能披露几个字：无人机自拍"。专利中还提到，无人机控制可以通过"民主方式"来决定，并在经过一定程度的协商之后触发。

CNBC 提到，Twitter 无人机可以与 Periscope（Twitter 于 2015 年初推出的一个流媒体视频直播服务）完美结合。根据这项专利，Twitter 的无人机可以配备自己的麦克风和屏幕，这对于想要进行远程采访或拍摄的媒体非常有用。

BUDDY 系统

自闭症和其他特殊儿童的父母及监护人往往难以与孩子沟通和互动。自闭症谱系障碍（ASD）儿童在面对变化时往往明显缺乏兴趣，社交沟通能力有问题，表现出重复刻板的行为。我们大多数人几乎无法理解为何会有人不能解读身体语言、面部表情或个人空间的重要性。

Blue Frog Robotics（陪伴型机器人 Buddy 的创造者）目前正在与 Auticiel 合作集成几个应用程序，这些应用程序可帮助 ASD 或其他特殊需要儿童学会自主与他人交流互动。

应用程序是完美的工具：直观，以助人为己任，妙趣横生且适应性强。 Auticiel 是由教育部门的软件专业人员创立的公司，专门致力于面向具有特殊需要的人群进行软件开发。这家初创公司的应用程序已经帮助法国和加拿大的 6 万名用户学习和进步。

在 Buddy 诞生之前，已有一些社交机器人致力于帮助有特殊需要的儿童。有些大学测试了这些机器人增强社会交往技能的能力，并且他们证明，通过角色扮演和其他场景，ASD 儿童可以学习社会交往技能，比如读懂感情和沟通。这么做的目的在于让孩子们走出他们的舒适区。 使用能给予响应和回应的机器人，可以激励他们实现目标，而不让同伴失望。这是电脑或平板电脑等无生命物体无法做到的。

Blue Frog 在 ASD 儿童身上测试了 Buddy，结果令人惊讶。当 Buddy 第一次进入房间时，孩子们很兴奋，因为他们以前从未见过这样的东西。Buddy 激起了他们的好奇心，他们聚集在他周围玩耍。 紧接着，孩子们与 Buddy 之间建立了密切的关系，Buddy 与他们玩游戏、给他们讲故事，与他们做一些小练习。Buddy 最好的一点就是他有无限的耐心，会一遍又一遍地做事情，永远不会生气或厌倦。

除了将 6 个现有的 Auticiel 平板电脑应用程序集成到 Buddy 中之外，Auticiel 和 Blue Frog 还将协同开发一个应用程序，通过日历和任务功能来帮助用户了解时间的概念。有了这个应用程序，Buddy 将能够：

（1）提醒孩子们准备时间表。

（2）协助执行完成某个任务所需的步骤。

（3）通过可视计时器显示时间的流逝。

（4）在孩子们完成任务后通过有趣的动画激励和祝贺他们。

ASD 儿童与 Buddy 互动的一个例子是：Buddy 对孩子说："该吃饭了，你现在要洗手。"然后他在自己的脸上显示一个介绍如何一步步洗手的视频，同时配有计时器和一个有趣的动画。一旦任务完成，Buddy 就会手舞足蹈地祝贺孩子。计划、视频、计时器和图片是完全可定制的，例如，用户可以选择一个舒适环境（家中、学校等）的照片。

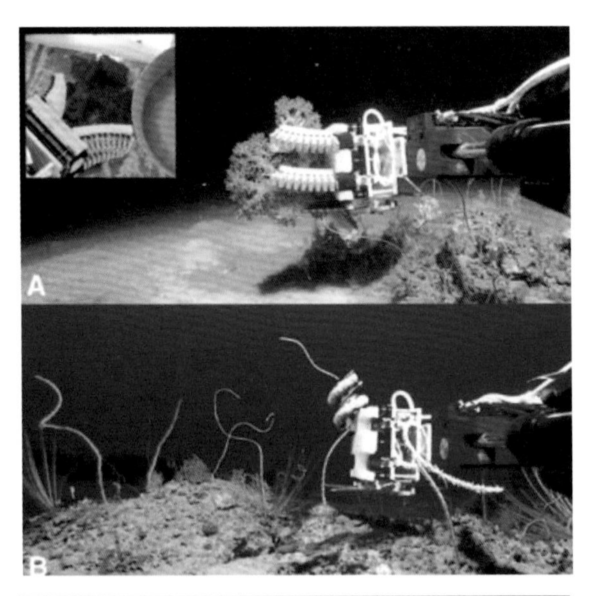

购买该应用程序后，客户可以免费获得一年的 Auticiel 云服务使用权，该服务将通过统计信息监控和跟踪日历和任务应用程序的使用情况，提供独家的新内容。

海底探索

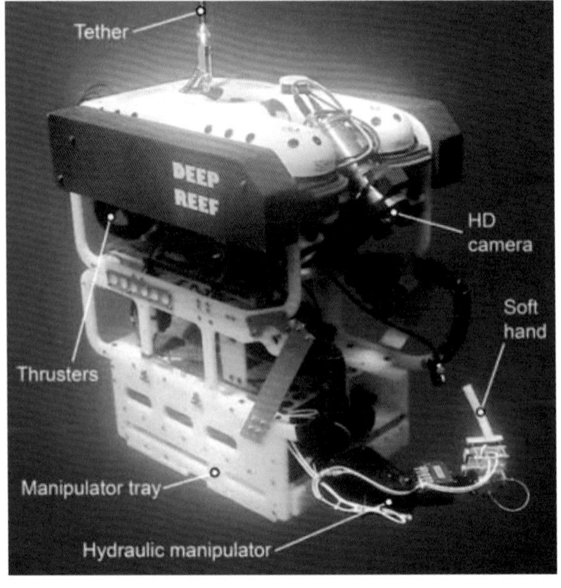

水肺潜水的妙处是能够看到各种奇妙的动物、植物、看起来像植物的动物、看起来像动物的植物。水肺潜水的缺点是由于"水下生物"和你自身的安全的原因而无法触碰水下生物。然而，以科学的名义积极探索海洋生物有时是非常重要的。哈佛大学的研究人员现在为海底机器人开发出一些软软的机器人手指，使它们能够无损收集水下样本。

定制的深海取样机器人和潜艇使用水下真空清洁器吸取脆弱的样品，效果非常好。经济型 ROV（remote operated vehicle，水下机器人）通常采用的是石油和天然气工业中残留的机器手臂和僵硬抓手。这不适合去采样软珊瑚和海绵，因为僵硬的抓手会将生物样品捏碎。

来自哈佛大学的 Robert J.Wood 和 Kevin Galloway 以及来自罗德岛大学、纽约市立大学和以色列海法大学的同事都知道，他们可以做得更好，使用（相对）便宜而通用的软机器人技术构造几套不同的软抓手。

Wood 说，最大的设计挑战是缺乏精确的规格。他们并没有设计一个机器手臂，用其在汽车装配厂中重复地将车门安装在车身上。团队无从得知他们要在海底取样的物体的尺寸、形状或硬度。为了粗略估计可能的样本，他们参观了农产品通道，并带回了各种蔬菜（芹菜、萝卜、胡萝卜、小白菜），将其捆绑到金属格栅上，然后放在罗德岛大学的一个试验柜中。经过详尽的液舱密闭性试验，他们将这些设备放在距离罗得岛海岸超过 800m 的深度接受性能测试。

抓手本身已足够好用，但采样技术还有改进的余地。软抓手可以提供触觉反馈，有助于大大减少这种无损采样的破坏性。该研究由国家地理学会资助，在未来的实验中，研究人员希望测试机器人上可伸至海底 6 096 米的双臂。

风中尘埃

建立基地和栖息地、开展探索等可能是月球或火星等行星上令人激动的外星文明搜寻工作，但还有其他非常重要的事情要做。最重要的事情之一是建造高质量的着陆台，太平洋国际空间探索中心（PISCES）正在着手使用一个遥控机器人来建造着陆台，虽然是在地球上，但万事开头难。

之所以需要着陆台是因为月球（和火星）上的灰尘很恶劣。由于缺少侵蚀过程，灰尘都粗糙且充满毛刺。灰尘会因静电作用而紧紧地附着在一切物体上，并且具有足够的磨蚀性，会磨损大部分材料，包括用于引导空气的密封件。这种灰尘甚至会蚀穿宇航员为将其带回地球而使用的特制样品容器。这种东西是绝对不能吸入肺部的。所以，在这些行星上扬起很多灰尘绝对不是好事。若要在不扬起大量灰尘的情况下发射火箭，就需要有着陆台。需要精密、平坦、结构完善的着陆台。

PISCES 是与 NASA 合作的名为 ACME 或 Additive Construction with Mobile Emplacement 的一个联合项目的子项目。该项目主要研究如何在外太空就地取材建造基地，从而不必浪费时间和精力运送大量的材料。例如，这个着陆台是由联锁铺路石构造而成，用玄武岩（一种非常常见的火山岩）制成混凝土。最终的计划是先于人类派出机器人收集玄武岩，压碎，混入配料，然后用太阳炉加热溶解形成铺路石，然后机器人用其建造着陆台。

作为一款试验性产品，PISCES 的 Helelani 巡视器配有一个蜂蜜机器人公司出品的机械手臂，通过在模仿月球的地表环境中建造一个约 30 平方米的着陆台来进行远程操作。最初的计划是从位于佛罗里达州的肯尼迪航天中心远程操作机器人，但无论你是否在机器人旁边，只要你依靠机器人传回的数据，就可以通过引入时延和模拟降级 DRC 风格来模拟远距离远程操作。

如果我们有一个完整的机器人团队，从就地取材到完成基地建造一气呵成，这才是真正令我们感到兴奋的。

载人无人机

在 CES 2016 电子展上，亿航发布的一款无人机产品令人啧啧称奇。这家中国无人机制造商在拉斯维加斯推出了名为“184”的自主载人无人机，可承重约 100kg。

亿航表示，此无人机专为搭载一名乘客而设计，而且他们正在与政府机构紧密合作进行无人机的使用。

这款 184（能够搭载 1 名乘客，有 8 支螺旋桨和 4 支机臂）由电力驱动，充电只用两小时，续航时间为 23 分钟，最高时速为每小时 101.4 千米。舱内设有空调和阅读灯。

据亿航介绍，184 内置有各种各样的故障保护装置，包括多个备用电源，可在遇到故障时自动着陆，另外还面向需要帮助的飞行员提供了一个类似 OnStar 的指挥中心。

在制定飞行计划后，乘客只需要给出两个命令：“起飞”和“着陆”。这只需在平板电脑上点击一下即可完成，该公司解释说。

亿航的联合创始人兼首席财务官尚孝表示，他的公司希望今年以 20 万美元到 30 万美元的价格出售该设备，但承认该产品处于法律的灰色地带。“全世界还未曾出现过这样的东西。”

备灾防灾

在日本的福岛核电厂，还有大量的放射性废物清理工作要做。一些清理工作可以由谨慎细致的人类来完成，但一些工作仍然太危险，只能由机器人完成。从 3 号反应堆中清除燃料棒是这些危险任务之一，现在东芝已经制造了一款笨重的两栖机器人来解决这个问题。

尽管距福岛事件发生已有 5 年了，但机器人仍然没有能像人们预期的那样完成反应堆清理工作。人们仍然争相制造和部署这些昂贵、复杂、完全定制的机器人系统，用于在非常特殊的情况下解决非常特殊的问题。作为一个灾后应急方案，这是可以理解的，但长期而言，这不是一个非常有效或高效的方法。在某些情况下，定制的机器人可能是唯一的选择，而从损坏的反应堆芯中取出燃料可能是这类情况之一。

计划是在 2016 年某个时候安装两栖机器人，并于 2018 年开始拆除 566 根燃料棒组件。当然是在工人掌握了如何控制复杂的遥控系统之后才会开始拆除。

从目前所了解的情况看：机器人有一堆的单眼显示器、一些笨重的抓手、一对两轴操纵杆和一些控制操作关节的开关。你也许可以演练一遍该设备，虽然可用，但易用性不会很好。

ATLAS 升级

Boston Dynamics 推出了大规模升级版 ATLAS 人形机器人，这款机器人体型小、体重轻而且更加灵敏。新版机器人可以自如地穿越冰雪覆盖的森林，举起盒子并放到货架上，甚至可以完成种植工作，并在工程师将其推倒后立即起身，而且完全不会受到伤害。

或许，相较于上一代机器人（已经是十分出色的机器人），“新一代”ATLAS 机器人最引人注目的是其巨大的技术飞跃。这款新型 ATLAS 机器人可以完成其他机器人无法完成的工作，因此可以说是目前最先进的人形机器人之一。那么，Boston Dynamics 是如何创造出这款机器人的呢?

Marc Raibert（Boston Dynamics 创始人兼总裁）在接受 IEEE Spectrum 采访时表示：“工程团队开展了大量工作，努力使 ATLAS 更轻巧、更紧凑。一方面，运用 3D 打印技术制造腿、致动器和液压管路嵌入结构，而不是采用独立组件制作。另外，我们还开发了自定义伺服阀，这款伺服阀比过去使用的航天版本体形小得多，重量也要轻得多（而且性能更出色）。”他补充道，“优秀团队还完成了很多其他工作，我就不一一赘述了”。

新一代 ATLAS 似乎可以达到同等水平的类动物敏捷性，尽管存在机器人滑到和跌倒问题，但它能够很快恢复平衡并继续行进。Raibert 表示，这全部归功于控制团队，他们开发了一些新算法，对旧算法实施了改进。他补充道："他们还充分利用了这款机器人强重比提高所带来的优势，还有其他性能改进"。

难以置信的指骨

机械手设计分为两大流派。一种是简单直接的机械手，目的在于完成工作。例如，二指或三指型手爪，可以不费吹灰之力顺利完成很多工作；一种是结构极为复杂的机械手，不仅有四指，还有大拇指，从理论上模仿人手，而人手是经数百万年进化形成的。无论如何，我们都会以人手为模型进行全面设计。如果希望机器人能够完成更多的工作，那么势必需要保证手部尽量模仿人类。

鉴于真实的人手内在结构十分复杂，仿人手必然要做出很多折中设计，在保持人类外形的同时保证正常功效。但是，Zhe Xu 和 Emanuel Todorov（来自美国华盛顿大学西雅图分校）十分疯狂，打造了我们所见的最精细、运动精度最高的仿人机械手，其最终目标是完全替代人手。

带羽毛的机器人蝙蝠

蝙蝠的翅膀没有羽毛，但十分敏感，能够感知飞行方向。这不仅对它们有利，对我们也很有利，因为蝙蝠使我们明白，薄膜覆盖的翅膀性能极好。

英国南安普顿大学教授 Bharathram Ganapathisubramani 带领一队研究人员，在蝙蝠的启发下研发了一种可调蝙蝠式膜翼，这种膜翼还可以在气流通过时振动。他们将这些膜翼装入微型飞行器，利用它们（以及翼地效应）快速高效地划过水面。

此类膜翼不仅灵活，而且可控。运用电活性聚合物适应电压：调整膜翼硬度，使人们能够动态调整翼形及改变性能。由于膜翼是一种薄膜，还可以在气流通过时振动。显然，翅膀摆动速度较快有助于凝聚气流，否则会拍散气流。翅膀无法凝聚气流会造成严重后果，很可能导致飞行停止或失控，因此我们绝不希望发生此类情形。摆动还有助于在翅膀向上倾斜（例如，起飞和降落）时保持升力，这也是飞机所面临的最棘手的问题。

机器人和智能技术图书精选

机器人技术

自己动手做智能机器人
书号：978-7-115-43157-8　定价：49 元
卓越之星”工程套件实践与创意指南

机器人构建实战
书号：978-7-115-44990-0　定价：59
卓越之星”的姊妹篇，介绍机器人设计与搭建的指南

JavaScript 机器人编程指南
书号：978-7-115-43678-8　定价：45 元
熟悉基础的机器人技术项目学习 JavaScript 机器人编程技术

机器人学经典教程
书号：978-7-115-44983-2　定价：69
全面了解机器人学的入门级指南

树莓派和 Arduino

书号：978-7-115-40500-5　定价：49 元
树莓派之父权威之作

978-7-115-44720-3　定价：89
示例丰富的树莓派开发实战指南

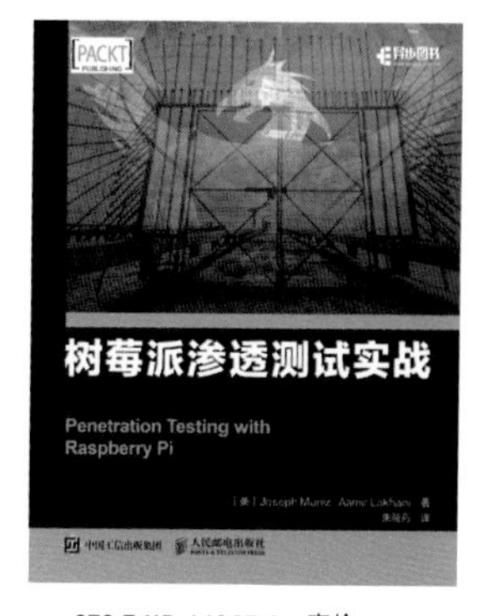

978-7-115-44907-8　定价：49
用树莓派来执行渗透测试
全面涵盖树莓派渗透测试的整个流程